建筑策划协同模式研究：
以历史环境新建项目为例

Architectural Programming Cooperative Mode:
New Design Projects In Historic Contexts

| 屈张　著 |

中国建筑工业出版社

图书在版编目（CIP）数据

建筑策划协同模式研究 = architectural programming cooperative mode：new design projects in historic contexts：以历史环境新建项目为例 / 屈张著 . —北京：中国建筑工业出版社，2021.1

ISBN 978-7-112-25947-2

Ⅰ.①建… Ⅱ.①屈… Ⅲ.①建筑工程—策划 Ⅳ.①TU72

中国版本图书馆 CIP 数据核字（2021）第 040300 号

责任编辑：费海玲　张幼平
责任校对：李美娜

建筑策划协同模式研究：以历史环境新建项目为例

Architectural Programming Cooperative Mode : New Design Projects In Historic Contexts

屈张　著

*

中国建筑工业出版社出版、发行（北京海淀三里河路9号）

各地新华书店、建筑书店经销

北京点击世代文化传媒有限公司制版

北京京华铭诚工贸有限公司印刷

*

开本：787 毫米 ×1092 毫米　1/16　印张：14　字数：245 千字

2021 年 4 月第一版　2021 年 4 月第一次印刷

定价：**68.00** 元

ISBN 978-7-112-25947-2

（36398）

序一

建筑策划是国际职业建筑师的基本业务领域之一，多学科融合的建筑策划方法也将成为建筑师的一项基本技能。近年来，我国在建筑策划理论研究与实践方面取得了飞速的发展，特别是中国建筑学会建筑策划与后评估专业委员会的成立，为国内外高校、建筑设计企业以及策划研究机构提供了共同交流的平台。

屈张博士的这本书关注历史环境中新建项目的建筑策划，在实证研究的基础上，构建了适应该类型的策划协同模式框架和操作方法。我认为这一研究很有价值。我国城市建设发展正逐步由增量开发转向存量更新，在这一背景下，有必要进行更加精细化的设计。通过建筑策划与后评估研究，形成科学的设计依据和决策方法，对提升我国建筑设计决策水平有着重要意义。

屈张在硕士和博士学习期间，跟随团队参与多项建筑策划和设计项目，并在设计和研究中不断思考，曾获得清华大学优秀博士毕业生和清华大学优秀博士学位论文。作为他的导师，希望他在今后的教学、科研和实践中再接再厉，在建筑策划与后评估领域做出更多成绩。

庄惟敏

中国工程院院士

清华大学建筑学院教授

中国建筑学会建筑策划与后评估专业委员会主任委员

序二

这本书记录了屈张博士的研究，他在清华大学获得博士学位。

自我介绍一下，我是加州大学伯克利分校环境设计学院的城市设计教授，也是《城市营造：21世纪城市设计的九项原则》一书的作者，该书中、英文都已出版。我也在 Skidmore Owings & Merrill 公司担任咨询合伙人。

在过去的几年，我多次与屈博士会面讨论他的研究。屈博士的研究旨在建立设计准则，以推动历史环境和街区中新建建筑的成功整合。在美国期间，他调研了境内的许多地方，这些调研包括对建筑物和场地的记录，以及对设计师的采访。

我发现屈博士将这项研究组织得井井有条，并且非常积极地去完成。众所周知，世界上的城市正在以更高的密度快速变化和发展。在这一转变中，我们需要为后代认真管理我们的文化遗产，以及我们城市的多样性、可持续性和宜居性。

这项研究将有助于指引前行。

约翰·寇耿

美国建筑师协会资深会员

SOM 建筑设计事务所咨询合伙人

美国加州大学伯克利分校教授

This book will document the research undertaken by Dr. Qu Zhang, who received a doctoral degree at Tsinghua University.

To introduce myself, I am a Professor in Urban Design at UC Berkeley's College of Environmental Design. I have authored a book named *City Design now published* in English and Chinese. I continue work in my firm Skidmore Owings & Merrill as a Consulting Partner.

In the past few years I have met with Qu Zhang a number of times to review his research. Dr. Qu's research is to establish Design Principles that will promote successful integration of new buildings in historic settings and neighborhoods. While in the United States he visited numerous sites across the country. These visits include documenting the buildings and site together with interviews with the designers.

I have found Dr. Qu to be very well organized and highly motivated to this task. As we all know, cities in the world are changing and growing rapidly and at higher densities. In this transition, we need to carefully manage our cultural heritage for future generations as well as our diversity sustainability and livability.

This kind of research will help lead the way.

John Kriken, FAIA

Consulting Partner SOM

Professor UC Berkeley

前言

在我国，快速的城市发展不仅推动其向外扩张，同时也在城市内部不断挖掘新的价值。在这一过程中，历史环境面临着越来越多来自新建和更新项目的压力。其中一些项目缺少对历史环境设计条件的分析，在设计策略的支持方面还有待完善。因此，本书主要通过研究建筑策划的协同模式，在满足城市规划和城市设计导则的前提下，发现新建项目在历史环境中需要保护与强调的价值，提供解决思路，也帮助建筑师更多地从公众利益角度出发，考虑环境品质和传统文化等方面因素，达到更新项目与地段环境的有机融合。

本书从建筑策划的视角研究历史环境新建项目问题。以建筑策划操作模式为基础，结合项目的环境特点与保护需求，尝试提出协同模式操作框架。建筑策划的协同模式可以分为信息处理、策划构想、评估反馈等主要环节，研究通过理论研究和案例分析，具体分析其对于特定环境的策划要点和方法。其中，信息处理环节要求充分发现场地、空间、运营中需要解决的问题，确定历史环境新建项目的设计需求；策划构想环节从信息处理中得出抽象性的目标，结合环境心理学、社会学、城市经济学等跨学科知识，综合提出对于场地、实体、空间、运行的策划构想；评估反馈环节通过策划自评和使用后评估，补充并完善历史环境项目需要考虑的若干评价因素，建立综合评价体系。

本研究也将建筑策划操作模式从建筑层面扩展到城市设计层面。历史环境新建项目既包括单体建筑设计，也会涉及成片区域的城市设计。因此其研究不仅是对项目本身功能或形态的简单构想，还需要研究历史环境、公众行为等方面对新建项目的影响，做出充分论证，并从城市营造和城市运营等方面提出合理、客观的设计策略。同时，建筑策划的协同模式在城市层面的应用也需要操作方法的更新。笔者以当前快速发展的 BIM 技术和智慧城市研究为切入点，重点关注其在建筑策划领域的应用。

当前，我国正处于经济发展方式的转型阶段，城市规划、城市设计以及建筑设计，都需要从设计理念和方法层面做进一步研究，提供更加精细化的管理和设计。本研究是对策划协同模式的初步探讨，未来，建筑策划的研究将整合传统建筑技术手段和新兴的信息处理方法，以应对日益复杂的城市实体系统，创造活力提升、风貌得体、生态融合的城市建成环境。

目 录

第 1 章
绪论

1.1 缘起：从“文脉 / 差异（Context/Contrast）”展览看历史环境新建项目

2009 年，一个名为“文脉 / 差异（Context/Contrast）”的展览在美国纽约建筑中心举办。该展览由纽约市地标保护委员会（LPC）组织，展示了从 1967 年到 2009 年间，纽约市主要历史环境范围内的新建项目，包括早期建设的学院出版社大楼（Scholastic Press Building）和近期完工的高线公园（Highline）等。纽约市是美国重要的文化象征和历史保护典范，自 1965 年纽约地标法确立以来，该市已认定了 1300 余栋历史建筑和 109 个历史街区[①]，随着经济的发展，历史环境面临越来越多来自新建及更新项目的压力。因此，地标委员会希望通过“文脉 / 差异”展览，呼吁关注新建项目设计问题，并强调新建筑必须是“适合的（appropriate）”，能够促进历史环境发展且不损害该地段的传统特征和公共价值，使其继续得以保护。该展览随后在华盛顿美国建筑师协会总部巡展，并引起了广泛的讨论。这次展览试图回答一个问题：那些新建的、有别于传统风格的建筑是否适合在历史环境中？时任美国建筑师协会（AIA）主席乔治・米勒（George Miller）认为，展览传递了如何通过良好的设计使新建项目被历史环境接纳，并发挥积极的作用。

纽约展览的主题也是国内历史环境新建项目所面临的问题。在中国，快速的城市发展一方面推动城市边缘不断向外扩张，同时也在原有城市内部不断挖掘资源。在这一过程中，历史环境面临着被侵蚀与瓦解的巨大压力，对于其保护与更新的方法，专

① 数据来源：纽约市政府网站，http://www.nyc.gov/landmarks.

家和学者们已进行过多方面的阐述。其中，历史建筑作为城市的重要见证与传统社会生活的载体，需要得到完善的保护。而新建项目设计也应得到充分的重视，一些设计由于缺少对历史环境的充分研究，显得格格不入，也造成了社会公众对新建项目的排斥，以致涉及历史环境中的设计项目总是伴随着质疑与批评。然而，从欧美国家的经验看，那些经过良好设计的新建项目同样可以与历史环境相容共存。而且，一些新建项目带动了地段活力，对催化周边区域发展起着重要的作用，两者的共生也能够创造出独特的场所体验。正如纽约市地标委员会主席罗伯特·蒂尔尼（Robert Tierney）所言，在历史街区内做新建筑的设计方案是困难的，也是迷人的[①]。因此，对于新建项目需要认真研究，寻找传统模式与现代发展趋势的结合点，合理提出设计依据，使其更好地融入历史环境当中。

1.2 研究背景和意义

1.2.1 建筑策划操作模式的延伸与应用

更好地得到历史环境新建项目的设计依据，需要从建筑策划阶段开始研究。清华大学建筑学院院长庄惟敏教授指出，建筑策划是建筑设计前期的重要环节。建筑师为了实现设计目标，通过系统科学的方法对设计问题进行研究，结合调查收集的资料，提炼出有逻辑的设计依据，为下一步的设计提供指导[②]。2017 年 5 月，住建部下发《关于开展全过程工程咨询试点工作的通知》，标志着全过程工程咨询在我国全面推动。建筑策划是全过程工程咨询中的重要工作，其内容、定位和决策对建筑项目有直接影响。从实际案例上看，在商业建筑和办公建筑等领域，建筑策划有着较多的理论积累与实践经验，而对于一些特定环境的项目，如历史环境中的新建项目，虽然有一些建筑策划案例，但仍缺少系统性的操作方法和跨学科协作。本书将重点关注这一类型的策划研究。历史环境保护与更新是设计领域的热门话题，引入建筑策划的协同模式具有一定的意义：历史环境新建项目的设计不仅是单体设计，也是该地段持续发展的一部分，建筑策划的作用在于提供一种更好的可能性，也是一种更加市场化的方式，特别是对于当前倡导的多元主导的更新而言，其项目不仅需要考

① 原文见美国建筑师协会档案，http://cfa.aiany.org/files/ContextContrast_DC.pdf.

② 庄惟敏 . 建筑策划导论 [M]. 北京：中国水利水电出版社，2000.

虑政府计划和开发商的利益，也需要考虑使用者和其他居民的利益。而建筑策划的特点，就是促使设计者对建设目标的分析从单一价值观转向多元价值观。

在设计依据上，历史环境新建项目首先需要遵照地段规划，特别是设计导则的要求。应该注意的是，设计导则并不等同于设计目标，设计导则更多地考虑地段整体环境和预期，避免缺乏控制的个体对环境的消极影响，其目的“不在于保证最好的设计，而在于避免产生最坏的设计”（林钦荣，1996）。因此，在历史环境项目中，有必要引入建筑策划的协同模式，在满足城市规划和城市设计导则的前提下，对建设项目可能带来的各种正面或负面影响作出预估，以便在项目前期及时调整设计策略；同时，帮助建筑师更多地从公众利益角度出发，考虑环境品质和传统文化等方面的因素，达到更新项目与地段环境的有机融合。

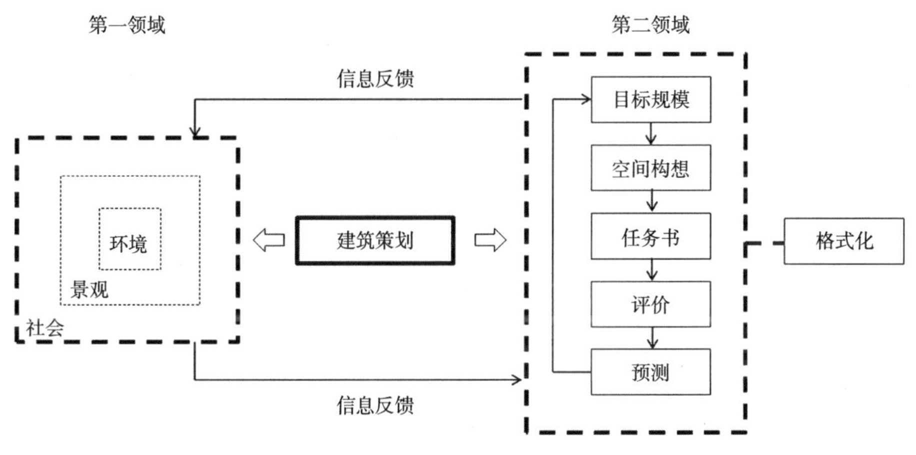

图 1.1　建筑策划研究的两个领域

（图片来源：自绘）

1.2.2　历史环境新建项目设计研究的必要性

当前，历史环境的设计研究除了记录与保护重要历史建筑之外，开始更加关注新建项目的积极影响，设计理念也从与环境协调向与环境共生转变。例如彼得·卒姆托（Peter Zumtor）设计的科隆科伦巴艺术中心（Kolumba Museum）和理查德·墨菲（Richard Murphy）设计的爱丁堡鱼市巷（Fishmarket Close），都是在历史环境中发掘新的设计要素，既与原有的环境相协调，又创造出独特的建筑形态和场所体验。新的设计需要理解现有环境特征并做出积极的贡献。历史环境自身在不断进行更新，新建项目有助于修补地段形态，并补充功能上的不足。一些国家也对此提出了指导性文件，如苏格兰政府出版的《历史环境中的新设计》（*New Design in the Historic Setting*），书中将历史环境的设计过程分解成问询、分析和设计结论等步骤，希望为历史环境的新建项目提供参考（Historic Scotland，2010）。

在我国，学术界和设计界对历史环境的认识也在不断深入。我国历史悠久，历史环境是许多城市重要的组成部分，也是城市特色的重要体现，透过历史环境能够看到城市发展变迁的印记。然而，随着城市的快速发展，一些历史街区和建筑被大量拆除。有的地方只注重于保护文物建筑或单一历史建筑，而忽视了伴随其存在的整体环境，这样做的后果是历史建筑淹没在高楼大厦之中，文脉也难以延续。笔者在调研和实践中看到，虽然在法规和保护规划等方面均有要求，但一些新建项目的任务书只是简单复制其他建成项目，缺少对特定历史环境设计条件的分析，也缺少足够的信息以支持设计策略的提出。因此，本研究将重点关注这一具体环节，也是较少涉及的问题：在历史环境的复杂设计条件下，如何通过科学的策划方法，形成合理的设计任务书和设计依据，以指导下一步的设计工作。

1.2.3 新建项目在小规模更新模式中的带动作用

现阶段国内历史街区更新的主导者以地方政府为主。政府投入资金对历史建筑和衰败的房屋进行修葺，同时，作为历史街区的管理者，政府部门也对其中的建设活动进行监管。面对城市发展的需要，特别是旧城改造的压力，一些地方政府选择了大规模重建的开发模式，对历史街区造成了难以挽回的损失。越来越多的公众也开始关注历史环境保护的问题，随着保护制度的完善，大规模改造受到法律和规划的制约，小规模更新方式开始逐渐被采纳，这也更加接近于吴良镛院士所倡导的有机更新理念（吴良镛，1994）。小规模更新模式从一定程度上遵循了城市长期以来的发展规律，有助于保护历史环境的特征。

从事保护规划实践的清华大学教授张杰认为，影响历史环境更新的最主要因素是复杂的产权问题，而小规模更新能比较细致地处理其中的一些棘手问题，做到因势利导。更新项目涉及复原、改建、新建等工作，这其中，新建项目特别是新建文化项目是一项重要内容，这类项目有助于改善局部环境、提升地段形象，进而带动周边地段的综合开发。文化项目与城市遗产的结合能够创造更大的价值。如汉堡的港口城

（Hafenstadt）利用红砖砌筑的仓库作为博物馆，既利用了历史遗存的工业建筑，也为原有工业区带来了文化元素，带动了住宅区的更新建设。在国内，一些私人投资的文化项目也逐渐出现在历史街区之中，据笔者调查，仅北京鼓楼周边胡同中，就有数十个由私人投资的博物馆、会所、小型剧场等。这些改建和新建项目需要谨慎地分析和设计，以更好地融入历史环境之中。

1.3　研究的创新点

1.3.1　将建筑策划操作模式从建筑层面扩展到城市设计层面

本研究的一项创新点是将建筑策划操作模式从建筑层面扩展到城市设计层面。通常而言，建筑策划主要是针对建筑层面的研究，但对于一些特定条件下的设计项目，则需要从城市层面进行讨论。例如本书中的历史环境新建项目,既包括单体建筑设计，也会涉及成片区域的城市设计，而且按照我国现行的规划设计程序，初步设计中的场地要求需要达到修建性详细规划深度。因此，建筑策划不仅仅是对项目本身功能或形态的简单构想，而是需要通过对历史街区环境、公众行为等内容的研究，对新建项目带来的影响作出充分论证，分析建筑与外部环境空间设计中需要保护与强调的价值，从更广阔的视角提出合理、客观的设计策略。另一方面，建筑策划也为公众参与提供接口，由于在很长一段时间里，我国历史街区更新是一种自上而下的模式，公众特别是当地居民难以有效地表达自己的观点，建筑策划通过征集公众的意见，有助于设计师避免可能的经验主义错误。建筑策划方法中的实证调查，也能够补充设计师所不熟悉的一些细节，使设计项目更加贴近原有生活。本研究从特定项目类型入手，从理论和实践方面，探讨将建筑策划应用于城市层面研究的可行性，建立起一种联合决策机制，扩展建筑策划学的研究领域和应用范围。

1.3.2　从建筑策划的视角研究历史环境新建项目问题

本研究的另一项创新点是提出了研究历史环境设计问题的新视角。历史环境的发展是一个渐进式的过程，为保证其风貌和居民生活的完整性，更新过程需要强调新建项目与现有环境的有机融合。现有历史环境整体更新的一般模式是“保护规划—城市设计—建筑设计”，其难点在于衔接环节。设计导则不仅需要把规划条件和限制性指标落实到新建项目中，更重要的是如何将历史街区中抽象的保护原则转化为具体的设计指导。建筑策划的协同模式提出了一个具有可操作性的方案，从建筑设计入手，分析项目在建筑与外部环境中需要保护与强调的重要价值，并将价值转换为设计因素，结合实态调研，综合提出合理、客观的设计策略，也为控制导则的制定提供反馈。这种建筑策划与城市设计的互动过程也改变了现有城市设计从既有条件到最终结果的线性模式。对于历史街区而言，长期发展形成的风貌需要在更新过程中逐步恢复。建筑策划的介入更加强调对过程的研究，也符合城市设计专家所倡导的“过程设计（master program）而不是形象设计”的理念（Attoe，et al.，1992），更有助于维护街区的整体性。

1.4 研究主要内容

1.4.1 相关概念界定

历史环境新建项目

历史环境是一个广义的概念，涵盖了自然形成或人工形成的环境，本书所研究的主要是历史建成环境（Built Environment），例如历史街区、历史校园、历史文化景观等。作为人居环境中重要的文化资源，其对于传递历史信息、创造良好生活环境、增强社会认同感和凝聚力、促进教育和经济的可持续发展等有着重要的作用。许多提升城市品质的成功项目也是围绕历史环境进行的。

本研究中的新建项目是指对历史环境带来介入的设计项目，这其中包括新建和改建的建筑、开放空间以及公共空间等。在规模上，从既有空间的针灸式改造到较大区域的城市设计。环境和场所不是静止的，会随着时间的推移而改变，作为演进过程的一部分，新建项目有助于充分发挥历史环境的经济和文化潜力。有一种观点认为，历史环境中的新建项目可以复制原有建筑的设计、外观和材料。虽然在一些情况下这是可行的，例如复原某个建筑群中失去的部分，但在有着悠久历史的环境中，新项目的介入不必一味仿古。下面提到的许多成功的当代建筑案例同样创造出与历史环境和谐的关系，而且这也表明我们对于当代建筑的诚实与自信，也会被后代所重视。新建项目需要尊重其所在的历史环境，这其中涉及的可能因素很多，需要经过全面而深入的搜寻，提出合适的研究方法，使得新建项目能够融入环境，最终共同形成一个整体。建筑策划的协同模式，使设计有可能实现更好的结果，提升历史环境品质和建筑自身品质。

建筑策划操作模式

建筑策划操作模式是一个研究和决策的过程，通过对设计问题的定义，分析相关的设计因素如场地、功能、活动、秩序、心理需求、造价等，进而建立合适的设计准则。随着设计项目的大型化与复杂化，对建筑设计的功能布局、流线组织等方面提出了更高要求，这需要设计者运用科学的方法予以研究。特别是近年来生态、人文、历史保护方面的设计理念不断融入，要求策划者对各种相关价值、需求、目标等进行全面而系统的评价。伊迪斯·切丽（Edith Cherry）在《美国建筑师专业实践手册》中写到，建筑策划是在大量的信息中选择最合适的设计准则（Cherry，2008）。需要强调的是，虽然建筑策划讲求通过科学决策得出结论，但并不代表其答案是标准化的，建筑师需要在理性分析中寻找更好的解决问题的思路。路易斯·康（Louis Kahn）就在自己的设计过程中，表达过对缺乏质量的建筑任务书的担忧，他坚持业主应该与建筑师一起从头分析问题，而不是盲从于经验的判断。

建筑策划操作模式有以下几个特点。首先是综合性。前面已提到，设计问题的综合性，使得建筑策划解决这些问题也是一个综合的过程。第二是往复性。策划过程中需要策划者不断将结论反馈给业主和公众进行讨论，以避免闭门造车带来的思维局限，很多优秀的策划案都是经过数轮的修改才最终成型。第三是多价值因素。策划过程中存在着多种价值取向，切丽在她的书中描述了一个工厂选址的模拟案例，站在不同立场会推导出不同的结果。不仅如此，价值因素还影响着为决策而收集的信息。因此，切丽认为策划者需要了解单一价值带来的局限，以便更好地界定问题（Cherry，1999）。

控制法规及导则

在国际上，对于历史环境建设内容和要求的表述主要见于国际古迹遗址理事会（ICOMOS）和联合国教科文组织（UNESCO）颁布的若干会议宪章和共识，例如提出需要对历史地区更新中的当代项目进行研究的《马丘比丘宪章》、保护历史城市和街区的《华盛顿宪章》，以及旨在呼吁保护古遗址周边环境的《西安宣言》。当前，我国的立法和规范也开始对历史环境中的建设活动加以重视。其中，历史街区是城市中需要重点保护的地段，按照历史环境现状的保存情况和历史价值等，可以分为保护区、缓冲区和建设控制区[①]。建设控制区是为了作为城市建设区与核心保

① 详见中华人民共和国国家标准《历史文化名城保护规划规范》GB 50357—2005。

护区之间的缓冲，一方面要负担城市发展过程中的新增功能，另一方面要控制自身建设过程中的风貌保护。

历史环境的保护理念也是在不断发展的，如从早期强调保存（conservation），通过各种强制性条令避免街区改变原有的状态，到如今提倡振兴与整合（revitalization），鼓励对街区发展有利的元素介入，促进经济和文化传承（Tiesdell，et al.，1996）。在此过程中，除了对街区基本格局和建筑体量的控制，还需要增加新的设计要求，使传统的风貌与活动得以延续。而这些抽象性的理念往往很难通过法规或导则转化为具体的设计指导，这就对前期建筑策划的研究提出了更高的要求。通过建筑策划和设计使其更好地传承历史文脉，有助于改善局部环境、提升地段形象，对历史环境的持续发展和特色维护都起到积极作用。

1.4.2 研究内容

本书研究针对历史环境新建项目的设计问题，引入建筑策划的协同模式。通过建筑策划理论和历史街区保护控制要求的研究，形成有针对性的策划方法与设计策略，并结合国内外案例和个人策划实践，系统性地进行建筑策划研究，使新建项目设计更好地切合历史街区保护与更新要求，体现文化的价值与传承。进一步地，对于较大规模的历史文化街区更新项目，本书尝试将建筑策划的协同模式研究扩展到城市设计层面。研究遵循建筑策划操作思路，重点研究在历史环境下，策划协同模式的信息处理、策划构想、评价反馈等环节。通过理论研究和案例分析，总结其中的策划要点。本研究强调“协同作用”，关注策划工具在历史环境新建项目中的使用方法与作用，也从中筛选出合适的研究方法与设计准则。

建筑策划的研究与建筑实践是分不开的。研究期间，笔者实地考察了中国、美国、德国、日本等国家的历史环境新建项目，分析项目案例，调研和评估建成情况，也参与了一系列国际建筑会议与讲座，收集一手资料。特别是笔者有幸得到国家留学基金委公派学习机会，在美国加州大学伯克利分校城市与区域研究中心（IURD，UC Berkeley）联合培养，并得到著名城市设计专家、SOM事务所合伙人约翰·寇耿（John Kriken）教授的指导，他丰富的实践经验对本书城市设计层面的研究提供了很多帮助。写作过程中，本研究通过现场调研、案例分析、调查访问等方式，结合理论研究进行分析、归纳和推论，并以实际参与的策划和设计实践，对研究成果进行检验和印证。

历史环境中的新建项目有其特殊性，特别是我国现阶段存在的发展与保护的矛盾，涉及城市管理、制度建设、城市规划等多方面的问题。建筑策划的先驱者威廉·佩纳（William Peña）曾说："你不能指望用一个建筑方法来解决一个社会问题。"（Pena，et al.，2012）然而通过建筑策划的协同模式，可在现有基础上，补充对社会环境、文化背景、经济价值等多方面因素的考虑，确保设计向有利于历史环境持续发展的方向进行。本研究是笔者对于这一问题的思考与尝试，希望能抛砖引玉，引起更多对策划协同模式研究的关注。

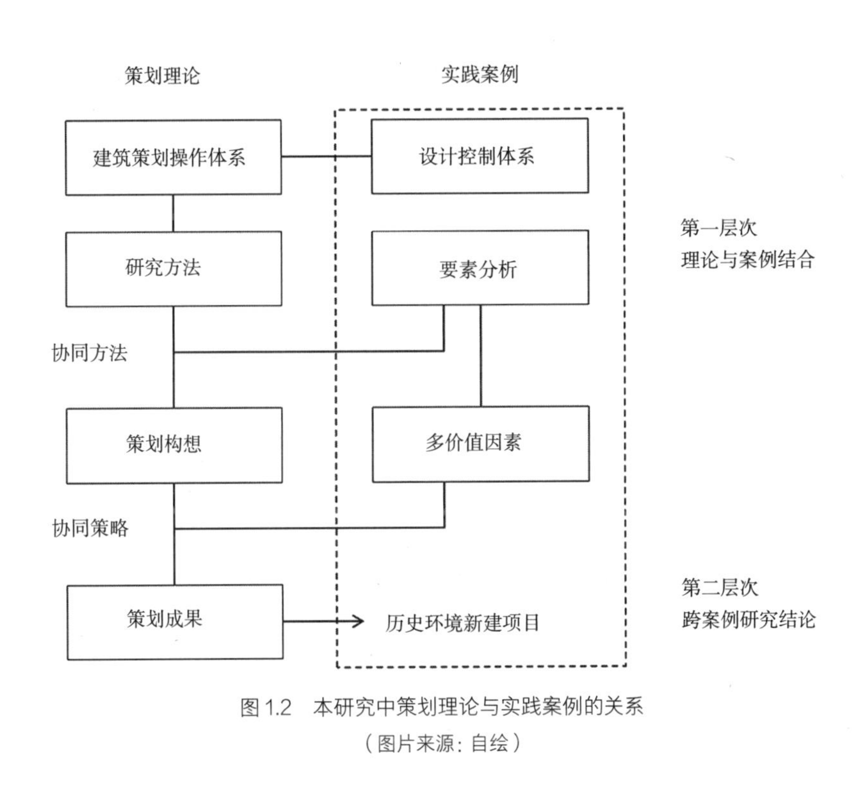

图 1.2　本研究中策划理论与实践案例的关系

（图片来源：自绘）

1.5　研究动态

1.5.1　国外建筑策划研究动态

国外研究方面，美国是建筑策划研究成果最丰富的国家。得州农工大学教授佩纳是最早将建筑策划理念进行完整阐述的学者，在 1969 年他与约翰·福克（John Focke）出版的《问题搜寻法》第一版中，系统提出了建筑策划方法。在建筑策划实践方面，一个重要的人物是威廉·考迪尔（William Caudill），他是佩纳的导师以及CRS建筑事务所[①]的合伙人，正是他最早与佩纳合写了《建筑分析：良好设计的前奏》，标志着建筑策划理念的兴起。CRS对于校园建筑的策划有深入的研究，考迪尔的《面向更好的校园设计》成了当时重要的设计参考，他的另一本著作叫作《比尔·考迪尔备忘录》[②]，记录了他在建筑策划与设计中的许多心得，为后来的策划者提供了宝贵的经验（Caudill, et al., 1984）。CRS也培养了一批推动建筑策划发展的建筑师，除了史蒂芬·帕歇尔（Steven Parshall）与佩纳撰写了新版《问题搜寻法》之外，罗伯特·库姆林（Robert Kumlin）撰写了《建筑策划：设计实践的创造性工具》，伊迪斯·切丽撰写了《建筑策划：从理论到实践》等，但后两本书侧重点有所不同。库姆林并没有明确给出策划格式，而是通过一份详细的清单指导解决策划各环节中可能出现的问题，而切丽的书结合实际项目说明建筑策划的每一步工作，在她的书中也涉及了其他文化背景下的策划问题（Cherry, 2008）。乔纳森·金（Jonathan King）在《CRS团队及建筑业务》一书中详细介绍了上述学者的幕后工作（King, et al., 2002）。帕歇尔在CRS被收购后仍继续推进着建筑策划研究，特别是在BIM领域进行探索（Pena, et al., 2012）。此外，还有一些非CRS背景的学者也在进行类似的研究，例如维也纳技术大学的史蒂芬·法茨（Stefan Faatz），对建筑策划在欧洲的推行情况进行了分析并提出了建议（Faatz, 2009）。

图1.3　佩纳提出的建筑策划理论和方法一直沿用至今，并且不断增加新的内容。图为佩纳在纪念《问题搜寻法》一书出版50年会议上发言

（图片来源：CRS Archives）

① CRS事务所英文全称Caudill Rowlett & Scott Architects，成立于1948年，1983年并入JE Sirrine工程公司，20世纪90年代建筑业务被HOK收购。

② 这本书英文名为*The TIBs of Bill Caudill*，Bill是考迪尔的昵称，TIB的意思是This I Believe（我所认为的）。

另一支重要研究队伍来自于美国环境设计研究协会（The Environmental Design Research Association，简称 EDRA[①]）。爱德华·怀特（Edward White）在《建筑策划导论》一书中介绍了建筑策划的方法，其基本观点与佩纳一致。怀特重要的贡献是在研究中提出了非传统事实的概念（non-traditional facts），即找出新建建筑与建成环境间的相互影响因素，并加以研究（White，1972）。另一位学者，前 EDRA 副主席沃夫冈·普莱策（Wolfgang Praiser）主编了一系列与建筑策划有关的书，如《策划建成环境》《设施策划：方法与应用》《设施策划的职业实践》等，其中的策划研究并不局限于特定的方法，普莱策强调策划中的环境影响与使用者需求，他的书中也提到了城市更新中的新建项目的策划（Preiser，1993）。另外，还有亨利·沙诺夫（Henry Sanoff）撰写的《建筑策划方法》和唐娜·杜尔克（Dona Duerk）撰写的《建筑策划：从信息管理到设计》，在这两本书中都能看到环境设计研究的内容，沙诺夫在信息收集部分介绍了行为观测，杜尔克则把环境行为作为一个专项策划内容来研究。在这之后最重要的著作是罗伯特·赫什伯格（Robert Hershberger）撰写的《建筑策划与设计前期管理》，他提出了以价值为基础的策划，使建筑策划目标从偏重功能性和经济性转向多样化的价值，包括历史环境下的建筑策划案例（Hershberger，1999），赫什伯格也曾在 EDRA 会议上发表文章《建筑和意义的研究》阐述其策划和设计理念。近年来的研究则更加注重建筑策划与性能评价的综合研究，例如普莱策等人编写的《增效建筑》一书，阐述了如何通过建筑策划及性能评估提升建筑设计（Preiser，et al.，2012）。在近几届的 EDRA 会议上也有许多相关研究，其中有代表性的如卢博米尔·波波夫（Lubomir Popov）发表的《超越矛盾》，文中反对根据建筑类型教条地提供设计策略，而是从方法层面进行分类和适宜性分析，特别强调跨学科方法的应用（Popov，2006）。2019 年，笔者在 EDRA 第 50 届大会的特别论坛上，作了题为《EDRA50 年：建筑策划研究在中国的发展》的论文发言，介绍建筑策划研究在中国的发展，以及 EDRA 带来的积极影响。

---

① 美国环境设计研究协会（EDRA）成立于 1968 年，主要致力于环境设计研究，增进人类、建筑和环境之间的相互理解，并创造满足人类需求的环境。EDRA 每年举行一次年会，其中一个分议题就是建筑策划与使用后评价。2019 年的 EDRA50 在美国纽约举办。

建筑策划研究的代表人物 / 机构及其主要贡献　　表 1.1

William Pena	CRS 事务所，得州农工大学	● 建筑策划理论的提出 ● 问题搜寻法 ● 建筑策划实践
Robert Kumlin	CRS 事务所	● 建筑策划工具的发掘 ● 建筑策划评价机制
Edith Cherry	CRS 事务所，EDRA	● 进一步细化建筑策划的操作要点
Henry Sannof	EDRA，北卡罗来纳大学	● 建筑策划的跨学科研究探索
Wolfgang Preiser	EDRA	● 基于环境行为学研究的建筑策划 ● 使用后评估
Robert Hershberger	亚利桑那州立大学	● 基于多价值因素的建筑策划 ● 建筑策划教学与实践
Steven Parshall	CRS 事务所，HOK 事务所	● 建筑策划实践的专业机构化 ● BIM 技术在建筑策划中的应用

（资料来源：自绘）

其他国家的学者也对建筑策划的发展作出了积极贡献。建筑策划在英国叫作 Briefing，在日本叫作“计画”。英国学者弗兰克·索尔兹伯里（Frank Sailsbury）撰写了《建筑的策划》，以合同条款为基础进行策划研究，主要介绍策划任务书的编写过程（Salisbury，1997）。日本的建筑策划研究从住宅开始，研究使用空间的活动需求，与环境行为学结合紧密。其中重要的理论书是建筑计画教材研究会主编的最新修订版《建筑计画学习》一书，里面介绍了建筑策划的背景与方法，并通过多种建筑类型讨论策划与设计的关系（建筑计画教材研究会，2013）。此外，冈田光正等编写的新版《建筑计画》第二卷中，从建筑的公共属性，讨论了历史环境、区域背景等方面对建筑策划的影响（冈田光正，et al.，2003）。在论文方面，早期建筑策划的研究多集中在建筑单体策划或数据分析上，近年来则逐渐走向更宽视野的研究，如麦克吉尔大学雷蒙德·贝尔特兰德（Raymond Bertrand）的硕士论文《意义和建成环境：基于人类学研究的建筑策划》，以及埃因霍温大学雷内·德克斯（Rene Dierkx）的文章《基于社区的建筑策划及贫民区包容性学习环境》（Dierkx，2003）等。

1.5.2　国内建筑策划研究动态

建筑策划理论于 20 世纪 90 年代引入国内，庄惟敏教授的《建筑策划导论》系统性地介绍了建筑策划的定义、过程及作用，为后来的研究奠定了基础（庄惟敏，

2000）。其指导的学生在建筑策划研究方面形成了一系列成果。张维博士的论文《中国建筑策划操作体系》以在美国学习的策划理论与实践经验为参考，提出我国建筑策划的操作体系；在具体设计层面包括吕画羽的硕士论文《大理古城红龙井历史文化区保护更新中建筑策划研究》；也有对具体策划环节提出优化的，如梁思思在硕士论文中重点研究了建筑策划中的预评价与使用后评估者两个环节，苏实博士针对建筑策划的空间预测提出了新的研究方法。

国内其他高校和设计机构如同济大学、哈尔滨工业大学等也在建筑策划方面进行了大量的研究与实践，如涂慧君教授的专著《建筑策划学》，邹广天教授的专著《建筑计划学》，以及曹亮功先生的《建筑策划综述及其案例》。清华大学和同济大学也是较早开设建筑策划课程的国内高校。论文方面，韩静博士从国外理论研究切入，研究在我国建筑实践中建筑策划应用流程与策略，连菲博士的论文研究了可拓建筑策划理论和应用。随着建筑实践范围的扩展，一些学者开始关注建筑策划在城市设计层面的作用，如韩冬青教授谈到建筑策划中的城市意识，讨论建筑策划范围向外延深的必要性（韩冬青，2001）。还有单樑的博士论文《以开发项目为导向的城市设计策划研究》。在香港，建筑策划对建筑法规的制定具有参考作用，如《香港学校设施策划指南》（Hong Kong Education and Manpower Bureau，2003）。

2014 年 10 月，中国建筑学会"建筑策划学组（筹）"在清华大学成立，学组成员均为当前国内参与建筑策划实践的知名专家与团队，所在单位包括高校学院、政府研究机构、房地产行业以及专业咨询策划公司等。主任委员庄惟敏教授发表主题报告《建筑策划的根与建筑策划的现状》，梳理了我国建筑策划的发展情况与当前的不足。建筑策划学组的成立标志着建筑策划在中国有了统一的行业交流平台，也有助于协助制定行业标准及规范，促进建筑策划流程的法制化等工作。在此基础上，2019 年 3 月，中国建筑学会"建筑策划与后评估专委会"正式成立（ASC-APPC）。此外，中国环境行为学会（EBRA）也是国内建筑策划研究的重要组织，建筑策划与使用后评价是该学会的一项议题，其会议论文集中也收录了一部分策划相关的文章。笔者参与了这两个学术组织并曾发表会议论文。除了上述这两个组织，我国也在与国际建筑师协会加强交流，在庄惟敏教授编写的《国际建协建筑师职业实践政策推荐导则》中，提出建筑师跨国执业活动的内容和相关机制，建筑策划作为其中一项执业内容，需要进一步加强国际合作，细化通用标准（庄惟敏等，2010）。

图 1.4　建筑策划—后评估专委会的成立对我国策划理论研究和行业标准制定起到组织作用
（图片来源：自摄）

1.5.3　其他相关研究

关于历史环境更新方面的研究较多，具有代表性的包括著名学者乔纳森·巴奈特（Jonathan Barnett）的《重新设计城市：原则、实践与应用》，以及史蒂芬·蒂耶斯德尔（Steven Tiesdell）等学者编写的《城市历史街区的复兴》，这两本书阐述了历史街区的更新理念与城市设计策略（Tiesdell，etal.，1996）。具体到建筑设计层面，美国学者布伦特·布洛林（Brent Brolin）很早就关注历史环境中的新建建筑问题，他在《建筑与文脉：新老建筑的配合》中，讨论了具有现代特性的建筑如何融入传统建筑之中（Brolin，1980）。环境行为研究学者阿摩斯·拉普卜特（Amos Rapoport）在《文化特性与建筑设计》中，主张建筑应以所在环境的文化特性研究为基础，为历史环境新建项目研究提供了理论支持（Rapoport，2004）。除了新建项目外，许多研究关注历史建筑的更新改造，如美国建筑师查尔斯·布洛泽斯（Charles Bloszies）编写的《旧房子，新设计：建筑的转变》和法国建筑师彼埃尔·提布（Pierre Thiebaut）的《旧建筑的新用途：地域建筑的传统与创新 61 例》。

一些国际建筑事务所也在其设计中加入建筑策划研究，除了上面提到的 CRS 事务所之外，美国 HOK 事务所继承了 CRS 的策划研究，并结合 BIM 技术的发展，在新版的《问题搜寻法》中加入建筑全周期数据管理和三维可视化表现等。在美国

SOM 事务所的城市设计部门，前期策划研究占了很大比重，其创立者寇耿教授在他的《城市营造：21 世纪城市设计的九项原则》一书中，阐述了从城市设计到建筑设计需要注意的 9 个问题（Kriken，2010）。德国建筑师贡特·海茵（Gunter Henn）也将建筑策划程序引入其设计实践，并与欧洲的设计情况结合，发表文章《方法 / 策划》。笔者曾经在海茵事务所柏林分部实习，在其工作室一系列项目中，均是以问题搜寻法作为设计前期分析工具①。

1.6　研究方法

1.6.1　分析综合方法

分析与综合的方法是认识事物的必要阶段。分析是把研究对象拆分成各个部分或不同属性，分别进行研究；综合是把研究对象的各个部分或不同属性有机地联系在一起，以发现事物的本质规律。策划的理论基础是分析的方法，将复杂的外部条件清晰分类并加以研究，再通过设计过程将其统一为整体。这两者之间可以相互转换，在策划的基础上进行设计，在设计的反馈下进行策划。阿尔瓦·阿尔托（Alvar Aalto）说过，如果只处理整体的想法，则可能忽视重要的细节，而这个细节可能会影响到整体；但如果我们只处理细节，那么项目就会缺少一致的方向，变成一堆没有关联的细节（Cherry，1999）。虽然对于建筑设计来说，缺少细节的分析不一定会影响使用，但好的设计一定是有耐人寻味的细节。在本研究中，将通过策划分析设计问题，找出不同因素的特点与规律，明确性质特点；同时，基于各种因素之间的关系，将它们综合起来，循环往复，推动策划与设计的深化，以期获得更好的成果。

1.6.2　系统科学方法

系统科学的方法是建筑策划研究的重要方法。把研究对象放在系统的形式中，有助于从整体上研究各要素之间以及组织结构的关系。建筑设计构思是一个创造性的过程，但应该看到，这个过程不是依靠建筑师的想象力凭空而来的。一个成功的建筑除

① 海茵教授是欧洲最早将建筑策划引入实践的建筑师之一，他向笔者表示赞同考迪尔和佩纳提出的问题先于构想的理念，并通过逻辑性的分析得出设计依据。关于他的观点详见：Henn，Gunter. Methoden/Programming[R]. Henn Architekten. 2009。

了良好的形象，设计的逻辑性同样重要，它体现了建筑师对设计条件的理解。建筑策划系统性地处理环境信息、建筑设计要求和使用者需求，以求得到最优化的处理。而研究过程中，通过数理分析、心理学研究、计算机模拟等科学方法，得出定性或定量的分析结论，有助于建筑环境和空间构想的预测与评价，避免完全依靠主观判断所造成的思维局限。历史环境是一个开放的系统，其设计本身需要在系统中研究，从前期的选址立项、项目策划到方案设计，直至建造过程，涉及的层面和外部因素很多，这需要通过系统科学的方法，归纳信息、寻找问题、分析研究，最后得出可靠的设计依据和策略。

1.6.3 文献资料方法

文献资料的收集是本研究初始阶段的重要工作，总体来说包括理论书籍的收集和策划案例收集。理论书籍方面可以通过图书馆文献检索功能和论文数据库检索等，获得相关内容的研究成果，所需国外的文献资料大部分在加州大学系统的各分校图书馆、斯坦福大学图书馆和中国国家图书馆等地可以借阅，国内的理论书籍主要在中国国家图书馆与清华大学图书馆可以借阅，此外 Proquest 数据库和加州大学 Ebrary 数据库可以获得许多外文论文和图书的电子版内容。策划案例方面，除了已出版的建筑策划书籍和项目汇报的案例外，研究机构和建筑事务所的策划案提供了重要的论据支持，得州农工大学 CRS 研究中心[①]的档案包括了从单体建筑到城镇规划的大量策划资料，其中包括了前面提到的不少策划领域学者的研究成果。此外，SOM、HOK 等设计事务所也有大量相关的策划和设计实践。通过文献资料的收集，梳理本研究的脉络，总结重要的理论观点，从案例中归纳其策划方法与思想，为后续研究作准备。

1.6.4 比较研究方法

一个有意识的建筑策划可以通过实态调查或者逻辑化的推导得出，在确保方法科学的前提下，两者都应该指向正确的结果且互相补充。这其中，比较研究的方法是确保研究过程科学有序的重要方法。比较法针对研究对象的相似性和相异性进行

① CRS 研究中心（CRS Center）于 1990 年在得州农工大学（Texas A&M University）成立，其目的是促进设计领域的创新和领导力。该中心保存了 CRS 建筑事务所大量的建筑策划案例和录音资料，是美国建筑策划研究的重要机构。笔者在美国访学期间曾前往该机构进行文献收集和采访，得到了许多 CRS 策划案例的一手资料。

图 1.5　在美国得州农工大学的 CRS 研究中心档案室中保存着大量策划研究文章与实践案例，为本研究提供了许多一手资料
（图片来源：自摄）

分析，主要有两种过程，即在表面相同的事物中寻找不同点，或在表面不同的事物中寻找共同点。美国比较教育学家乔治·布莱迪（George Bereday）认为，比较研究的内容是要对研究对象进行详尽的客观描述，然后解释其现象的异同，最终说明这些现象所具有的意义（Bereday，1964）。本书对于建筑策划理论的研究是一种求异比较，在不同学者撰写的建筑策划书籍中，策划的操作格式有所不同，通过比较可以清楚地辨析每种格式的侧重点，选取与本研究内容相关的方法。而在案例分析过程中主要是求同研究，在历史环境中的新建建筑策划案例，虽然历史背景、建筑类性、使用群体都有所不同，但其中空间的处理方式、价值的选择等方面存在共性，通过比较研究有助于发现问题，揭示历史环境发展的内在规律和特点，为探讨其建筑设计策略提供有益的参考。

第2章

历史环境新建项目中建筑策划的协同模式引入

本章主要研究历史环境新建项目中建筑策划的协同模式引入。这里所指的协同模式，是指以建筑策划操作模式为基础，结合设计项目的历史文化特点，以及对建筑、环境、城市层面的影响，尝试提出的操作框架，从建筑策划的视角研究历史环境新建项目问题。在这一过程中，建筑策划的理念是否符合当前历史环境对项目设计的要求？是否有成功的策划先例？在当前的设计程序和控制体系中，协同模式又应处于什么位置？本章将从理论对接、实践对接、程序对接这三个方面进行分析。

2.1 建筑策划的核心理念及启示

2.1.1 知行合一的建筑策划理论

策划理论的演进

建筑策划的产生有两个主要原因：设计方法论的发展和大量的建筑实践。在理论方面，加州大学伯克利分校的学者克里斯托弗·亚历山大（Christopher Alexander）及其同事进行了一系列的研究。亚历山大在《形式综合论》中指出："设计者面对的问题是分散而难以归纳的，需要将其分类并按层级展开。"（Alexander，1964）这也成为后来建筑策划方法解决问题的基本思路。随后，佩纳进一步明确了"问题搜寻"这一策划工作的最重要内容[①]。佩纳指出，策划的目的是发现问题，而设计的目的是解决问题（Pena，et al.，2012）。因此，策划阶段的主要任务是定义并区分这些问题，这也与亚历山大的观点一致。在佩纳之后的学者，如绪论中提到的库姆林和切丽等人发

① 关于佩纳提出问题搜寻法的理论依据，详见：屈张，庄惟敏．建筑策划"问题搜寻法"的理论逻辑与科学方法：威廉·佩纳未发表手稿解读[J]．建筑学报，2019.12.

展和完善了建筑策划的技术工具，使其能够适应不断变化的项目需求，而他们对于策划内容的理解基本延续了佩纳的观点。

另外两位对建筑策划理论产生重要影响的学者是普莱策和赫什伯格。普莱策将环境行为学研究引入建筑策划中，强调环境因素与使用者需求的联系，扩展了策划过程中对行为模式和心理需求的研究。赫什伯格则在佩纳的策划框架基础上，提出多价值因素的概念，改变了原有建筑策划“功能—形式—经济—时间”的固定格式，使对于设计问题的考虑更加充分，他认为“还应该在研究领域中加入一个涉及文脉的因素”（Hershberger，1999），这也为建筑策划在历史环境中的研究奠定了理论基础。赫什伯格的另一个重要观点是允许概念性的设计构思出现在策划过程中，而不必刻意区分策划过程和设计过程的工作，这有助于设计师更好地理解策划信息并扩展设计思路。

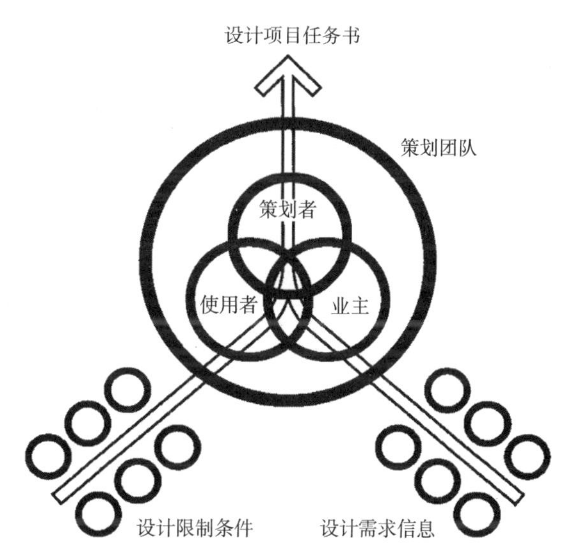

图 2.1　佩纳提出的建筑策划操作框架成为后续理论研究和策划实践的基础
（图片来源：根据 Pena & Parshall. Problem Seeking:（5th Edition）[M]. 2012 内容改绘）

策划实践的推动

在建筑实践方面，建筑策划的产生与当时设计行业大环境有关。20 世纪 50 年代，美国战后的婴儿潮，造成学校建筑数量和设施的不足，而考迪尔和佩纳等人所在的 CRS 事务所正是以校园建筑见长，面对大量的设计任务，如何快速而有效地与业主进行沟通、理解设计条件并达成满意的成果是当时 CRS 事务所需要解决的问题。在实践过程中，他们逐渐形成了一套行之有效的方法，即通过对问题分类限定，然后进行梳理，并对每一部分信息进行总结陈述，确保业主和设计师都能理解设计的本质问题。在表达上，佩纳采用了棕色板法，将所有信息用简洁的语言和图案绘制在卡纸上，并按照设定排列成矩阵形，卡纸可以随着策划进程不断增减和修改。这种方法使策划团队特别是包含非设计专业人士在内的策划团队沟通更加高效。

除了效率因素外，随着设计项目的复杂程度不断提高，简略的设计任务书已经无法为设计师提供帮助，而不准确的输入信息也造成了许多设计问题和改造费用。因此，一些建筑师开始自觉地进行前期策划。康曾对低质量策划书表达过不满，在他看来，任务书目的不在于罗列需要多少东西，因为这些来自对相似建筑的复制[①]。因此他设计前要做的第一件事就是“重写策划书”，重新回到设计问题的本质（Kahn，1998），这样才能做出独到而贴切的建筑。在国内现阶段高速建设中也存在类似的问题，因此有必要通过前期策划，弥补当前设计过程中的不足。

2.1.2 策划活动参与者的变化

库姆林在《建筑策划：设计实践的创造性工具》中指出，由谁来做策划很大程度取决于其内容是功能策划还是场所策划[②]。策划活动的参与者主要有三类：策划者（或策划团队）、业主、使用者。这其中，策划者是整个过程中的核心和组织者。策划者并不仅仅是建筑师，在我国，建筑策划一般由业主指定的咨询公司或设计公司来负责，策划工作一般在还没有落实项目设计单位之前，这种策划称为功能策划（functional programming），主要描述功能需求、人数、基本的组织关系等，通常包括列有人数—面积的表格和与功能相关的原始数据。

本研究的主要范围是场所策划（facility programming），场所策划是在功能策划的基础上，通过信息的收集和分析，提出可行的策划概念以指导下一步设计，并对这些概念进行评估（Preiser，1990）。美国一些大型的设计公司里已基本形成了明确分工，功能策划由咨询公司来完成，场所策划则由设计团队来完成。如 HOK 事务所负责功

---

① 赫什伯格认为康的作品体现出他对设计问题的独到见解，而不仅是遵循业主提供的资料和要求完成设计。在设计这些项目时，康并不否定原有的任务书，而是对其认真推敲，理解其中的思路并获得新的想法。

② 库姆林使用的 facility programming 一词是由普莱策最先提出的，国内一些文献将 facility programming 翻译成“设施策划”。但普莱策所指并不只是基础设施或者建筑设备的策划，他指出，这种策划的目的是“将人的活动整合在空间和时间中”，因此笔者认为翻译成“场所策划”更加贴切。

能策划的“领先策略”（Advance Strategies）团队，负责提供办公解决方案、建筑策划及现场服务等[①]。团队成员朱蒂·威廉姆斯（Judy Williams）这样描述成员组成：是一群有建筑学教育背景的人，但他们同时也是 MBA（工商管理硕士）、规划师、景观设计师、社会科学家、室内设计师等（Stringer，2009）。团队通过不断地倾听、沟通、分析、创新，应对复杂问题的挑战。

策划活动的另一个重要变化是，使用者成为整个策划过程中最具贡献的成员。与策划者和业主不同，使用者可能并不具备建筑学的专业背景，但他们是使用建筑的“专家”。他们比其他人更加知道想要什么，并将想法告诉策划团队。使用者提供的信息将为策划和后续设计提供创新点。例如，在 CRS 所参与的萨马瑞坦沙漠医院（Desert Samaritan Hospital）的案例中，策划团队组织了广泛的交流活动，与医生、管理者、律师、学生及当地普通居民等进行会谈，这其中医生和患者参与的积极性最高，他们表达了自己对新医院的构想：每个科室的细节、就诊流线、病房的布置、建筑造型以及当地文化特征等内容[②]。策划团队将这些信息汇总，并提出服务患者、创造减压环境的策划理念（King，et al.，2002）。最终的成果是卓有成效的：非集中布置的护理区更加适合门诊患者的需要；首次增加了独立的非卧床护理区，并结合周边景观进行设计；外窗凹进房间，每间病房都有一个带遮阳的阳台，使患者更加贴近自然。使用者对新医院称赞有加，一位患者表示，新的医院氛围让人感到更加轻松，建筑设计也令人愉悦。

图 2.2　在策划过程中，CRS 与作为使用者的专业医疗团队进行沟通，共同制定设计任务书
（图片来源：CRS Archives）

① 详见 HOK 事务所网站 http://www.hok.com/design/service/consulting/.
② 详见 CRS Center Archives. Desert Samaritan Hospital. Ref: 4000.1101。该项目获 1973 年得州建筑师协会奖。

历史环境中的新建项目策划涉及多方利益。除了使用者之外，周边居民对项目的意见同样不能忽视。在我国，随着居民对自身权益的关注，越来越多的人开始重视身边的新建项目可能带来的影响，即便不是直接使用者。在美国，居民可以通过社区会议和公共听证会等形式表达自己的意见，并对决策施加影响。在 CRS 的实践中，对于涉及居民利益的项目，策划者会首先邀请居民代表和相关社会团体参加“启动会议”（initiation meeting），介绍策划的基本情况及可能会作出的决策，供与会者讨论。事实证明，在多数情况下，虽然居民和团体不会将自己看成决策制定者，但这种交流形式可帮助他们了解正在进行的工作，或是鼓励他们讨论如何利用新的公共设施。在策划专家看来，启动会议有助于消除因信息不对等所带来的矛盾，使项目更加顺利地推进（Kumlin，1995）。这种交流形式值得借鉴，本书第 3 章会对历史环境下建筑策划项目的公众参与进行阐述。

此外，随着跨国建筑实践活动的日益频繁，也需要规范设计中的相关程序和内容，建筑策划是其中的一项工作。国际建协建筑师职业实践委员会（UIA-PPC）对此制定了相应的标准，这些标准有助于明确协议双方（设计师和业主）的责任、角色和义务，也从法律上规范了包括建筑策划在内的一系列执业行为。UIA-PPC 的标准在格式上参考了 FIDIC《业主 / 咨询工程师服务协议》的模板[①]，而该协议正是针对设计项目前期咨询服务所制定的。UIA-PPC 在制定推荐导则时，对其中一些内容进行了修改和完善，例如建筑师（在很多项目中同时也是策划者）的版权保护问题，对于有争议工作的协调、解决和仲裁问题，建筑师的服务范围问题等。该委员会联席主席庄惟敏教授认为，这些内容的明确有助于规范建筑策划工作，以及为其提供法律上的支持（庄惟敏等，2010）。

2.1.3 建筑策划的几个核心理念及启示

如上节所述，建筑策划理论是随着对设计问题的不断深入思考而发展的。在发展过程中，一些理念被继承下来并不断完善，这些核心理念有助于策划者行之有效地分析问题。在本研究中，历史环境中的设计项目需要对复杂的输入条件和多种价值因素

① FIDIC 全称是国际咨询工程师联合会（Fédération Internationale Des Ingénieurs Conseils），该组织发行了一系列出版物，是目前国际工程建设的主流合同文件，《业主 / 咨询工程师服务协议》是其中之一，推荐用于投资前研究、可行性研究、设计与施工管理等。

进行综合分析，理解这些策划理念可以更好地解决设计中出现的问题。具体有以下三点：

第一，信息的层级定义。无论是佩纳的问题搜寻法还是赫什伯格的价值因素法，其分析过程都包含了对信息的分类定义，并根据其相关度和重要性进行排序。对于策划者来说，这种方式有助于明确设计目标，并协调建筑与设计条件的关系。亚历山大在《形式综合论》中将这种解决问题的方式称为自觉性过程（self-conscious），即建立一个清晰的原则，再加上建筑师个人的判断。他认为，现代建筑语境下需要自觉的设计，这样才能不断创新（Alexander，1964）。具体到分类方式来看，在问题搜寻法中，所有的设计信息被限定成相互平行的四大类：功能、形式、经济和时间。功能指空间关系和人在其中的活动；形式指外部环境和建筑形式等；经济包括初期预算和全寿命周期的考虑，时间指建筑对过去、当前和未来的影响（Pena，et al.，2012）。

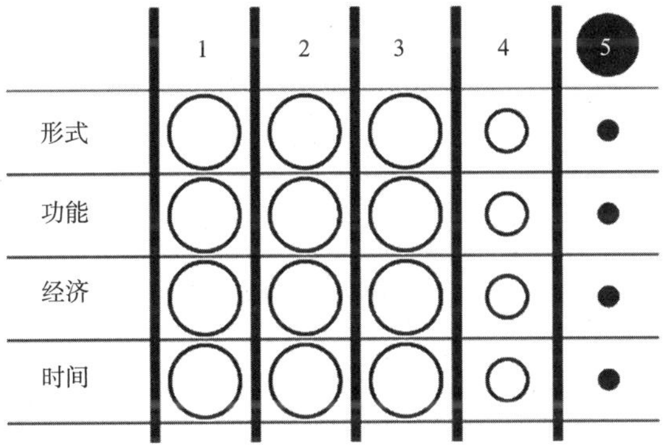

图 2.3　佩纳提出的问题搜寻法格式，其基本理念是信息的层级定义，为建筑策划的分析与表达提供了思路
（图片来源：自绘）

佩纳和 CRS 所应用的这种分类方法是一个普遍适用的格式，但也有一定的局限性。以历史环境中的新建项目来假设，这种分类法不易体现出环境和文脉价值的重要性等信息。因此，赫什伯格提出开放式的价值因素，其中包括了文脉、心理以及象征性的因素，并根据项目实际情况明确相互间的优先性，完善了对问题的层级定义。这种做法的另一个好处是，由于所有的价值因素在矩阵中有着明显的排序，有助于策划者、业主和使用者在沟通过程中清楚地得出最重要的价值和策划目标。信息的层级定义也是本研究的一项基本方法，将在第 3 章中进行详细说明。

第二，各方的有效沟通。与设计过程不同，策划的成果不是策划者单方面决定的，只有与业主和使用者等各方充分地沟通交流，才能取得令人满意的结果。一个复杂的大型项目策划过程中不可避免地出现设计者和业主思路上的差异。因此，需要在策划中通过各种手段进行沟通，在设计前期揭示这些问题并加以协调。赫什伯格认为，不需要担心沟通所带来的意见矛盾，因为这些问题只会让设计的内容更加丰富，而且可以将问题转化为艺术性的解决方案（Hershberger，1999）。当然必须承认，一些才华横溢的建筑师可以通过创造性的设计，使业主愿意承担其他可能存在的问题。但在大多数情况下，策划阶段的沟通以及陈述这些问题是必要的。切丽认为，这并不是为了限制建筑师的创作，而是让各方在设计完成之前就充分认识到可能的影响。比如赫尔佐格和德梅隆事务所（Herzog & de Meuron Architekten）在汉堡设计的易北河爱乐音乐厅（Elbphilharmonie），设计构思精妙，但由于施工难度过高，造成了工程三年多的延期和数十亿欧元的追加费用，从策划的角度看，实际上是形式问题掩盖了经济、时间的问题。从整个策划流程看，为了追求更精细的设计，当前的策划和设计应更加强调互动性，即策划—设计环节的穿插，策划者将初步的分析提交讨论，得到修改意见并进一步完善。

第三，问题的客观陈述。作为设计的前期工作，策划的一个重要特点是客观性。上面提到的几位策划领域学者都在书中提到策划应该客观，避免先入为主的概念（Cherry，1999），换句话说，主观式的策划无异于代替设计师直接进行构思，限定了设计的可能性。按照《问题搜寻法》的解释，项目策划中出现的策划构想（programmatic concept）与设计构思（design concept）是不同的。策划构想是根据发现的问题给出抽象的解决方案，是一种客观的陈述；而设计构思是通过设计手段或技术实现这种解决方案，可能存在着数种不同的方案，因此这是一个主观选择的过程。举一个简单的例子，在一个项目中策划构想是“可变性”，而对应的设计构思可能是“可移动隔墙”或者“大跨柱网”（Pena，et al.，2012）。

客观性也要求策划者保持中立立场。佩纳指出，策划需要公正地面对事实，学会听取那些可能不利于设计的东西，客观思考事物的本质；当然，完全的客观性是不可能的，客观性不意味着对社会条件无动于衷。对于本研究来说，历史环境中的项目，或多或少地都会涉及社会和居民权益的问题，而这方面的意见或许与业主所期待的目标不一致。对于策划而言，不能掩盖这部分的内容，而需要将其客观、全面地呈现在设计师和业主面前。本节所讨论的是建筑策划与历史环境项目在理论层面的衔接，下一节将通过具体策划案例，探讨其实践中的可行性。

2.2 建筑策划理论在历史环境新建项目的早期实践

2.2.1 建筑策划实践中的历史环境相关项目

建筑策划发展之初主要针对校园建筑、医疗建筑和住宅等特定的建筑类型。这类建筑的共同点是有明确的功能分区，且每一功能面积与人数有直接的关系；另外，这类建筑的投资预算有较严格的限制。因此，其建筑策划的主要目的在于建筑性能的优化，在问题搜寻的过程中，功能、经济等因素占主导因素，策划者重点研究如何从大量的信息中，科学地得出最合理的功能布局和面积分配等内容。

例如，CRS 在斯坦福医疗中心（Stanford University Medical Center）项目中，策划阶段主要侧重对空间配置、政策、市场等方面的研究，而且每一项都有专业领域第三方团队完成的报告，策划团队再将这些报告中的医疗服务管理、设施配置和财务建议梳理整合。在最终形成的策划书中，这部分的内容占到七成，只用了较少的篇幅谈及建筑环境影响和建筑形态[①]，这种策划模式也被称作基于共识的策划（agreement-based programming）[②]。该模式需要在开始阶段尽可能地收集各方面信息加以整合，指出其中相冲突的信息并协调各方意见，最后形成策划报告。这样做的优点在于使各方能尽早地认识到项目的本质问题和影响范围，避免过程中的颠覆性意见，同时也保证策划者能够获得所关心领域的相关信息。这种策划模式的难度在于业主和使用者能否快速而完整地提供所需信息，以及策划团队协调意见的能力。

在基于共识的策划模式中，建筑策划主要作为一种理性的分析工具和信息整合方案。CRS 的建筑实践证明，大多数情况下这种模式是有效的。但对于一些涉及文化背景和历史环境的项目来说，这种模式也存在着不足。基于共识的策划模式需要通过预先设定的价值域来进行信息整合，但问题搜寻法给出的四要素不足以涵盖所有的价值因素，因此，历史环境中的建筑策划有必要增加文脉等因素的考虑。如罗伯特·布鲁克斯（Robert Brooks）与弗兰克·盖里（Frank Gehry）事务所合作的罗尤拉法学

---

① 详见 CRS Archives，Stanford University Medical Center Long Range[R]，Ref: 4000.9000。

② 基于共识的策划主要是和基于设计的策划（design-based programming）对应。后者的代表是加州大学伯克利的约瑟夫·伊舍瑞克（Joseph Esherick），他认为不需要在一开始就收集全部的信息，而是用概念性的方案与业主和使用者进行多次沟通，让其在修改过程中随时提供新的信息。这样做的优点是策划编制所需要的时间很少，而且业主和使用者可以在直观的方案中获得新的想法。缺点是设计工作量巨大，而且整个策划和设计过程会变成反馈式的，限制创造性。

院（Loyola Law School）项目，策划者专门讨论了环境因素的影响，注意到项目所在的天主教地区对于新建项目的敏感性，以及法学院中一座小教堂的象征性（Bletter，1997）。赫什伯格在原有策划要素的基础上，增加了人文、环境、文化三个新的价值因素。他认为有必要强调这些因素，因为设计师在一个陌生文化或历史环境的设计中并不容易把握其中的内涵，而文化上的错误会比功能上的错误更明显地暴露出来（Hershberger，1999）。

图 2.4　盖里设计的罗尤拉法学院
（图片来源：自绘）

罗尤拉法学院的策划陈述按价值因素分类　　**表 2.1**

罗尤拉法学院策划中的价值因素	
形式因素	● 通过形式的组合与分散，体现法学院的场所精神，即专业的持久与传统、一体化的院系设计、面向社区的友好面貌等
功能因素	● 在建筑设计中体现灵活性，发展复合型建筑，以应对未来发展的变化 ● 满足公寓较远的学生和职员的生活需求，如就餐、休闲、社会服务等 ● 创造室内外空间的连通性，充分利用加利福尼亚州舒适的室外环境
经济因素	● 控制总体预算（当时为 650 万美元），尽量节省改造费用 ● 积极利用现状条件和周边配套建筑

续表

罗尤拉法学院策划中的价值因素	
时间因素	● 项目分期建设目标与时间安排 ● 法学院扩建过程中的正常运作
环境因素	● 营造环境氛围，体现罗尤拉法学教育与实践的优秀传统 ● 作为新建项目，表达对周边环境的友好和尊重 ● 由于项目建设规模较大，扩建需保持对邻里尺度的敏感性

（资料来源：根据 CRS Archives 自绘）

历史环境中建筑策划的另一个特点是对建筑的存在性和永久性进行思考。建筑策划强调的是思维过程中的科学性，策划中的决策是通过科学的统计与数据分析法得出的。而对于这些设计本质问题的思考不仅需要理性思维，也需要一定的创造性。如罗伯特·文丘里（Robert Venturi）设计的艾伦·约翰逊美术馆（Allen Johnson Museum）加建部分，他通过对卡斯·吉尔伯特（Cass Gilbert）设计的老美术馆的分析，认为除了保持视觉的连贯性外，也需要体现新建筑明显的识别性。这种策划理念体现在设计上：一方面，他遵循了原建筑罗马风的特征；另一方面，他非常大胆地将新建筑直接连接在老建筑上，没有采用通常的连接体或退让等方式，使新老建筑产生戏剧性的冲突，这种方式也呼应了古典建筑的交接处理（Brolin，1980）。

科学与艺术对于建筑的影响一直以来都是交互的。阿尔托认为，自然科学所使用的研究方法也可以适用于建筑，对于建筑的研究可以变得更加系统，但不会是纯粹分析性的，需要包含艺术性或本能的理解（Schildt，et al.，1972）。建筑策划的过程就是在寻求其中的平衡。下面将通过哈佛大学拉尔森楼的案例，说明建筑策划的操作过程和作用，这也是建筑策划理论形成初期，在历史环境新建项目中的一次重要实践。

2.2.2　以文脉环境为研究的建筑策划：美国哈佛大学拉尔森楼

（一）项目背景与策划概念引入

哈佛大学拉尔森楼（Larsen Hall）是哈佛大学教育研究生院（HGSE）的行政楼。该研究生院于 1920 年成立，原有的院址在哈佛北区劳伦斯楼（Lawrence Hall），后迁入现址对面的朗费罗楼（Longfellow Hall），随着学院的快速发展，更多的教职工和学生进入学院，需要更多的办公室和学习空间。1961 年，哈佛教育研究生院从拉德克利夫学院购得土地，用以建设新的学院大楼，以主要捐助者、美国教育改革的重要推动者罗伊·拉尔森（Roy Larsen）教授的名字命名。该项目用地紧邻哈佛老校园（Harvard Yard）的西侧，靠近坎布里奇绿地（Cambridge Common Park）。该项目由威廉·考迪尔设计，是CRS事务所的代表作品之一。拉尔森楼于1965年建成，虽然建筑遵循了哈佛校园的红砖颜色，但其高耸的塔楼和堡垒式的开窗处理一度引发了不少争论。时任哈佛美术系主任的詹姆斯·安克曼（James Ackerman）批评说："我们需要好的建筑师来了解我们的实际需要，不是坐飞机从很远的地方赶来匆匆开会（因为CRS事务所在得克萨斯州）。"[①] 而事实上，拉尔森楼独特而大胆的设计，正是策划团队与哈佛教育研究生院充分沟通所得出的。

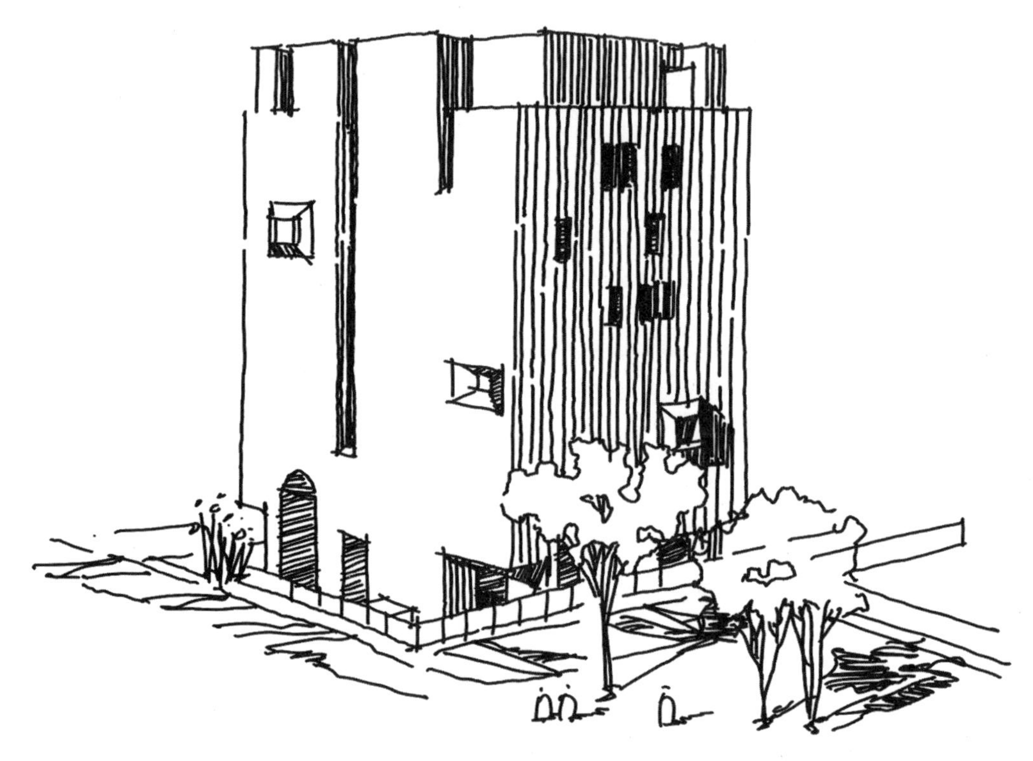

图2.5 哈佛大学拉尔森楼

（图片来源：自绘）

在设计之初，考迪尔就向业主方的每一位成员发放了需求征询单，并建立由设计

① 详见哈佛报纸的报道 Ackerman Criticizes Larsen Hall, Suggests Architecture Committee. Cambridge: The Harvard Crimson. December 14, 1965

师、业主和使用者共同组成的团队，通过不断的沟通来发掘潜在的设计需求。考迪尔认为，将客户引入设计团队有助于了解各种人群的特定需求，这样作出的策划和设计才能体现特定的背景。而且，这种做法能够激发每个成员更加积极地思考和参与决策（King, et al., 2002）。时任哈佛教育研究生院院长、同时也是业主团队的代表希奥多·塞泽尔（Theodore Sizer）教授认为，在与策划团队的互动中双方明确了对需求的定义，并得出令人满意的结果，其中建筑容量、天际线、平面布局、表皮以及开窗都是策划过程中重点讨论的问题。

（二）策划环节中的功能与文脉因素

拉尔森楼的设计是从策划和概念方案发展出来的，在策划过程中 CRS 事务所采用了他们总结的“问题搜寻法”格式。在得州农工大学的 CRS 中心，笔者阅读了该项目的策划档案，从中可以看出策划团队是如何定义问题，如何与业主和使用团队共同探讨设计需求，并通过概念方案作出解答。虽然当时只是建筑策划理论的初始发展阶段，但可以看出其在历史环境项目中的研究与探索。

在拉尔森楼的策划中，策划团队面临的首要问题是如何在狭小的用地范围里满足建设容量。考迪尔在策划书开篇写道：“业主希望能最大程度地利用场地，同时尊重周边环境的特征。”[①] 拉尔森楼的用地是一块不规则的 L 形地块，短边长度仅有约 34m（110 英尺）。上面提到，由于原有的办公空间和会议室严重不足，业主希望这些设施能够被容纳到新的建筑中。如果按照哈佛校园常见 3~4 层高度设计，那么即使建筑占满整个地块也不能满足需要（Bunting, 1985）。唯一有利条件是，这一地块并不在哈佛历史建筑保护的限高范围内。因此在策划书中，考迪尔认为通过高层塔楼来解决面积需求是较为可行的方案。

确立了高层形式后，下一个问题是层数。笔者采访 CRS 中心主任瓦里连·米兰达（Valerian Miranda）教授时，他表示层高和退界问题是当时拉尔森楼策划中的一个重要问题。按照坎布里奇地方规定，建筑底层的退界为建筑长度与高度之和的四分之一（沿街为五分之一）。也就是说，建筑越高，每层的面积越小。对此，策划团队列出了所有的可能性，找出最大建筑面积所对应的高度范围，同时要求兼顾北侧朗费罗楼的天际线。综合上述因素考虑，最终确定为地上 7 层的建筑。为了减少高层建筑所

① 详见 CRS Center Archives. Harvard Graduate School of Education [R]. Ref: 182.001

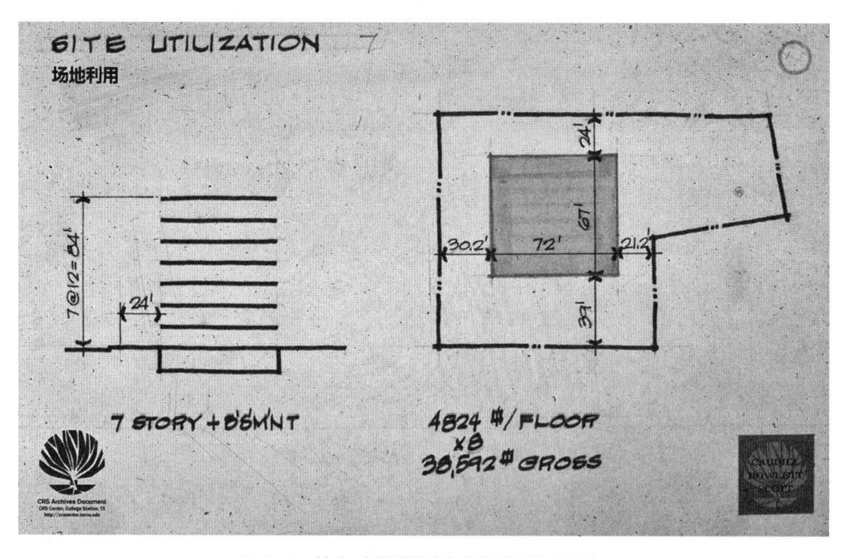

图 2.6　拉尔森楼策划中的场地利用研究
（图片来源：根据 CRS Center Archives. Harvard Graduate School of Education [R]. Ref: 182.001 改绘）

带来的视觉压迫，将建筑的顶部和转角的部分砖墙断开，巧妙地使拉尔森楼的天际线和周围建筑的烟囱融为一体（Canty，1966）。

拉尔森楼的另一个创新是地下空间的使用。考迪尔曾说："建筑与地面和天空的连接是设计中最重要的连接。"（Caudill，1984）为了最大限度地利用场地，拉尔森楼通过下沉庭院为地下一层提供良好的采光。建筑的入口通过天桥与外部道路相连，古典的拱形门廊标识了入口的位置，两侧的台阶通向下沉庭院。在下沉庭院的上方还有一些尺度宜人的挑台，减弱了人视高度上建筑庞大的体量感。庭院的外侧布置了若干教室和会议室，与地上部分厚重的外墙不同，这些房间采用了通透的落地窗，既不影响建筑的整体外观效果，又满足了使用功能的需要。这个庭院也成了最受欢迎的公共活动场地，经常举行一些小型的聚餐活动。拉尔森楼是哈佛第一个采用环形下沉庭院（areaways）设计的建筑，在有限的场地中提供了丰富的公共空间，也使建筑与场地的关系更加紧密。这种处理方式也被后续建成的几栋校园建筑所采纳，如哈佛希里斯图书馆（Hilles Library）[①] 和拉德克利夫宿舍（Radcliffe dormitory）等建筑。

① 哈佛希里斯图书馆位于拉德克利夫方院（Radcliffe Quadrangle），1965 年建成，建筑师为马克思·阿布拉姆威兹（Max Abramovitz）。该图书馆以舒适的学习环境闻名，2005 年关闭，现作为学生活动中心使用。

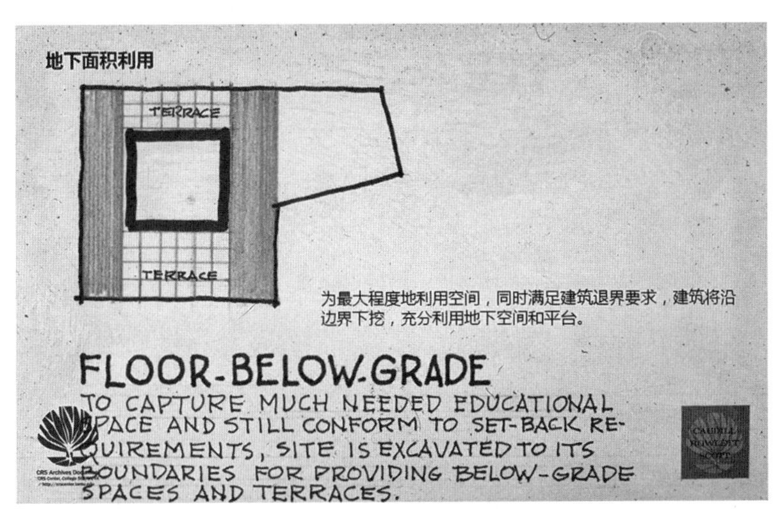

图 2.7　拉尔森楼策划中关于地下面积利用的研究

（图片来源：根据 CRS Center Archives. Harvard Graduate School of Education [R]. Ref: 182.001 改绘）

建筑的平面布局上，业主希望“提供一个灵活性的空间，以便在不同的课题项目中随时改变房间布局”。对此，考迪尔在策划书中提出了服务环（service belt）的概念，将所有服务功能，包括两组疏散楼梯、电梯、卫生间、管道井、讨论空间等环绕建筑的外圈布置，中间留出跨度为 17.4m 的矩形无柱空间（Loft Space）供使用者自由分隔。两侧靠外墙的空间为隔声的小房间，供课题组开会讨论。

拉尔森楼最明显的特征是高耸的塔楼上不规则的开窗，一部分突出、一部分退进。而且这栋建筑地上部分的窗墙比大约只有 15%，远远小于哈佛周边地区的建筑，这也成了这栋建筑最大的争议。在哈佛校园，一些人将其称为“电脑芯片”或者“拉尔森城堡”，考迪尔则回应道：“城堡有什么不对，城堡是包含一系列的逻辑和经济因素的系统，那些老塔楼的设计是巧妙的。这栋建筑也是一样。”（Canty，1966）他表示，拉尔森楼的开窗方式不是专断的，绝大多数的窗户都是按照需要设置。首先，办公区域在建筑的中央，四周为服务空间，只有交流空间需要采光。其次，地域环境也是重要的因素，考虑到波士顿冬季的严寒气候，减小外墙的开窗面积有助于降低能耗。针对使用者观景效果的争论，考迪尔表示：“可能一些人觉得所有靠外侧的房间都需要享受美景，但这会使建筑变成一个玻璃盒子，这种想法没有考虑到建筑的能耗。”第三，上面已提到，为了办公空间的灵活性，所有的垂直管线都被设置在外墙的实墙面背后。从以上几点可以看出，开窗的方式是策划中综合了气候、功能、环境多方面因素而得

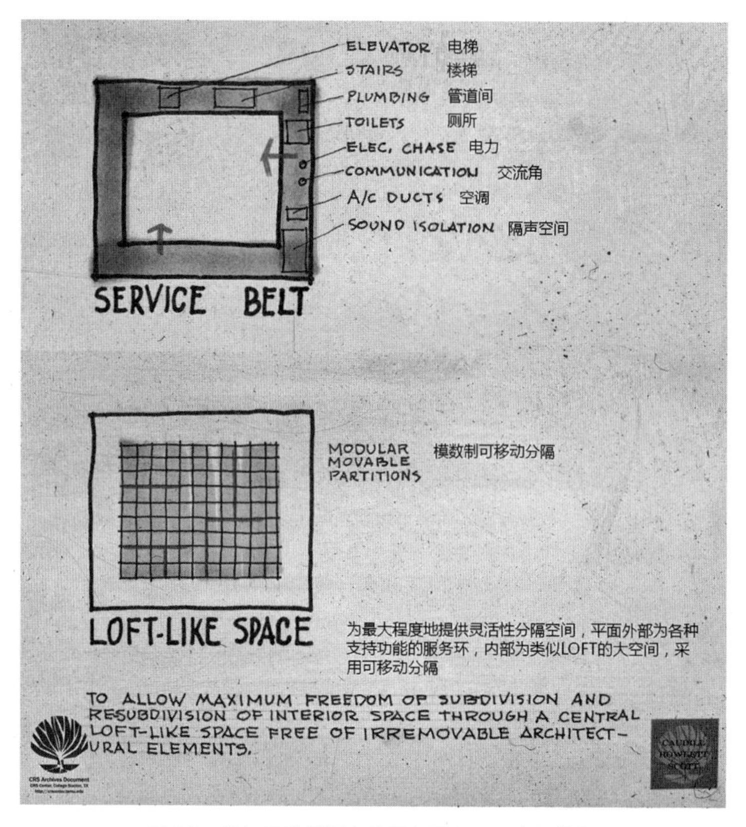

图 2.8　拉尔森楼策划中的服务环和 Loft 空间构想

（图片来源：根据 CRS Center Archives. Harvard Graduate School of Education [R]. Ref: 182.001 改绘）

出的。笔者在哈佛大学的实地调研中发现，虽然每层楼的窗户很少，但在主要的公共活动空间和休息区都能看到窗外的景色，而由外墙突出或退进形成的景框更强化了观景的效果。在表皮的处理上也体现出对文脉的尊重，设计采用了哈佛校园特有的红砖（Harvard Tweed[①]），并在构造上也采用传统的砖砌的叠涩和起拱方式，使建筑肌理与周边环境相融合。

（三）实地调研与策划评价

从上述分析中可以看出文脉环境和使用者需求对建筑策划的影响。那么，在拉尔森楼建成 50 年后，使用者和公众对于这个建筑的评价如何？对此，笔者在美国访学期间去哈佛大学进行了现场调研。按照佩纳提出的建筑策划自评机制，调研主要包括

① Tweed 一词原意为一种粗花呢布料，通常带有杂色，而且肌理较为立体。哈佛老建筑使用的红砖上面带有烧制时留下的深色印记，在大片墙体上有类似花呢的效果，体现出质朴的美感。

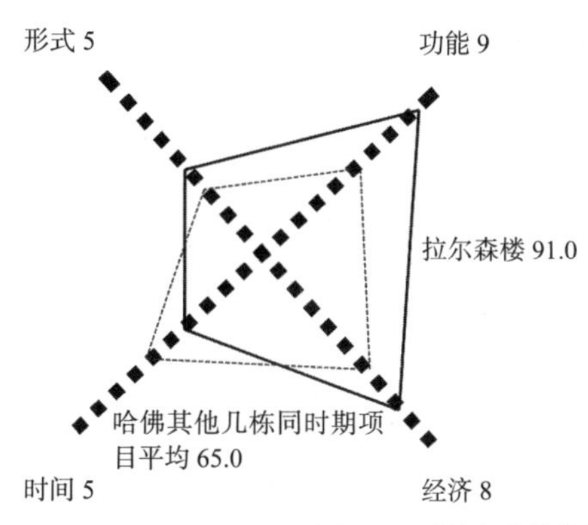

对拉尔森楼项目策划的主要评价和对应标准

主要优点
- 空间使用率高，可以灵活变换（功能）
- 建筑外形很有特点，识别性强（形式）
- 地下庭院空间宜人（功能、经济）
- 高层景观好（功能、经济）

主要缺点：
- 随着人越来越多，办公空间变得拥挤（时间）
- 很多房间没有窗户（功能、形式）
- 与哈佛老校园形式差异太大（形式）

图 2.9　对拉尔森楼策划的主要评价和对应标准
（图片来源：自绘）

两方面的内容：一是对产品从功能、形式、经济、时间四个方面作出衡量，并通过“质量系数”（四个方面两两乘积的代数和）对建筑品质进行量化，评价策划的平衡性和合理性[①]；二是通过对重点人员（专家、使用者和管理人员等）的访问，对建筑整体性能进行评价。可以看出，与哈佛大学其他几栋同时期建造的项目相比，拉尔森楼获得的总体评分更高，而且多数象限的平均分领先。除了使用者评价外，在本案的策划评价中，也关注当初策划时的主要构想是否在建成项目中得以实施或体现。

首先在功能方面，办公空间（Loft）的设置使房间的分配更加高效。三至七层布置均不一样，每个部门都可以根据人员配置和使用需要调整。唯一与当初设想不同的是这些空间基本上被全部划分为独立的房间，没有设置较大的公共讨论区。一位教授向笔者表示这主要与教育学院的工作方式有关，现在大部分的工作都在电脑上完成，并不需要像工科院系一样安放大型设备或张贴图纸。另一个原因是现在学院的师生比原来多了很多，因此需要更多的房间，但每一层楼还是按照当初的设想在一些有“景框”的地方设置了休息区和沙发。笔者采访了楼内 23 名职员和学生，绝大多数人对这样的空间布置表示赞同，有两个人特别提到了学校其他办公楼中廊式的布局，认为拉尔森楼的这种自由的（甚至是有些拥挤的）平面布局让人感觉更加亲切。但也有少部分人觉得刚来的时候经常找不到房间，建议增加明显的标识。地下空间成了拉尔森楼主要的公共活动场地，与大多数位于哈佛老校园内或北区的院系不同，教育研究生院门前没有专属的草坪，地下庭院提供了半私密的活动空间。

① 佩纳的这种方法也叫作“四边形法”，他认为这四个要素是同等重要的。切丽认为，佩纳的这种方法虽然不能完全覆盖所有的影响因素，但对于建筑师来说具有可操作性。

图 2.10　拉尔森楼的交流空间
（图片来源：自摄）

形式的问题仍是最有争议性的，对此笔者采访了三类群体，包括上述 23 名在拉尔森楼工作的师生，14 位哈佛设计学院（GSD）研究生以及随机选择的 20 位路人。调查的结果显示，70% 的受访者（共 40 人）认为这栋建筑形式在哈佛的历史校园中是和谐的，这其中包括多数受访的设计学院学生，他们认为这种设计很好地体现出逻辑理性和对传统肌理的呼应；持否定观点的人主要有两种意见，一是开窗太少，二是缺少装饰线脚。值得注意的是，大多数在楼里工作过的人对建筑形式的处理是满意的，并认为这与功能、文脉是有联系的。笔者采访到哈佛教育研究生院的罗伯特・谢尔曼（Robert Selman）教授[①]，他自 1969 年起在哈佛任职，从拉尔森楼建成之后一直在楼里工作。他向笔者表示，相比于从外面看建筑，从内部向外看的感受更加重要。他觉得从自己六楼办公室看出去的景色就像墙上的一幅风景画，如果全部是窗户反而分散了这种感受。

经济和时间的问题主要体现在大楼使用周期的费用上，其中最主要的是建筑运营的能耗费用。策划时采用规则的矩形平面和坚持较少开窗的理念，使得建筑能在寒冷的冬季更好地保持室内温度，可变性的平面布置也减少了空间变更的费用。米兰达教授认为，一个优秀的策划体现在可持续设计的理念上，CRS 的成功在于很早就注意

① 谢尔曼教授也是罗伊・拉尔森教席教授，他的教席正是以这栋大楼的主要捐助者罗伊・拉尔森命名。

到设计中的节能问题，强调适应环境特征的建筑[①]，这也符合哈佛大学一直倡导的绿色建筑理念。拉尔森楼成了哈佛第五个获得美国绿色建筑协会（LEED）白金认证的建筑，位于一层的教室获得该协会室内设计（LEED-CI）白金认证，这也是世界上第三个获此殊荣的教学建筑（均在哈佛大学）。拉尔森楼的节能设计负责人杰森・卡尔森（Jason Carlson）表示，这里不仅可为未来的教育学家、研究者和政策制定者提供学习空间，还将影响到他们对可持续发展理念的认识，并激发他们推动这一理念的发展（Trimble，2010）。

（四）小结

综上所述，对于历史环境中的新建项目，建筑策划方法有助于定义功能、文脉、环境、心理等多方面的需求，并为设计提供合理的解决思路，也可使建设项目更好地融入历史环境之中。从拉尔森楼的案例可以看出，许多设计上的成功点都是在策划阶段打下的基础。由于拉尔森楼不在哈佛的历史建筑保护区范围内，策划中较少体现出保护条件的约束。对于限制条件更强的历史环境而言，有必要进一步研究其中政策、法规和保护规划对建筑策划的影响，并寻找合适的衔接点，使其在设计环节发挥积极的作用。

2.3　历史环境中的设计控制与建筑策划的衔接

2.3.1　历史环境中的设计控制体系

对于历史环境中的新建项目设计控制，每个国家的规定不尽相同，但基本上遵循着同样的原则：保护现有历史环境的核心价值不受损害，同时给予新建项目一定的自由度。下面以中国和美国的设计控制体系为例，对其中相关要点进行梳理与对比，旨在讨论建筑策划在我国现有控制体系中的定位和可能作用，完善设计环节内容。

在我国，设计控制体系主要包括法律控制和规划控制两个层面。《城市紫线管理办法》和各地的文物保护管理规定中，对历史环境保护范围和目标均有表述。其中，建设控制地带是建设活动作为集中的区域，在保护历史环境的前提下承担城市发展的建设任务。具体到城市规划和城市设计层面，新建项目主要受到两方面的制约，一是历史文化名城或历史街区保护规划，属于城市规划范畴，主要内容包括制定保护原则，

① 详见得州农工大学报纸《ArchOne》对米兰达教授的采访，College Station: College of Architecture at Texas A&M University，2009

划定保护范围及保护规划分区，并分类说明保护对象与方式；二是历史文化街区城市设计，属于城市设计范畴，主要内容包括改善街区环境，提出建筑设计导则等。建筑设计导则一般通过文字说明和图示的方式，阐述上位规划对设计项目提出的一些专门的设计目标，特别是在建筑的空间布局和公共环境等方面。

除了对建筑实体的要求外，建成环境和居民生活品质的需求也逐渐受到重视。我国的保护规划规范中要求，设计应该考虑如何改善居民生活环境，维持历史地段活力[①]。特别是在历史街区的更新中，过去自上而下的更新过程引发了诸多的社会问题，引起了媒体和公众的广泛关注，因此在当前的保护规划中更加强调小规模、渐进式的更新方式。例如，触媒式的更新理念（urban catalyst），即通过某个项目对周边产生积极的影响，改善建设环境，进而推动其他项目的建设。触媒元素的引入只是促使地段更新的策略和起点，“光靠触媒并不能保证一个良好的城市设计结果，因此还需要必要的设计控制”（Attoe，et al.，1992）。这对新建项目提出了更高的要求，除了保证法律和规划的要求外，还需要有效的设计策略以发挥建筑的触媒效应。这些可以通过建筑策划在设计前期进行更全面的分析。

美国主要通过区划法（Zoning）管理城市规划和建设。与我国的法律和行业规定不同，美国的建设控制与监督的权利交由各州，由各州政府来制定历史环境中的建设要求。但对于重要历史环境中的新建项目，联邦政府会进行审批，只有获得批准后才能开工建设。除了新建项目之外，一些历史建筑的维修、扩建甚至室内的调整都会被严格审查。各地也有具体的机构来落实监管。例如，费城地方法规第十四章规定，费城历史委员会（Philadelphia Historical Commission）对历史环境中的新建项目设计有45天的审查期。这些是对建筑单体的限制。对于空间形态的影响主要通过城市设计导则限制，其中包括两类导则：一种是限制性导则，针对建筑形体和环境因素做出范围的限制，或是提出设计指标和标准，需要严格地遵守；另一种是指导性导则，通过描述建成环境的要素和特征，解释设计要求，指导性导则并没有严格的制约，主要提供可能的设计意向。这部分指导性的内容与建筑策划中的“理念”部分相类似。

专项的建筑策划规定也在逐渐加入。美国建筑师协会（AIA）编写的《建筑师职业实践手册》中指出，在涉及公共利益的建设项目中，有必要通过建筑策划过程来协调功能、经济因素、环境、文化等各种价值之间的可能冲突，确保完整地体现各方需

① 历史文化名城保护规划规范：GB 50357—2005. 北京：中国建筑工业出版社，2005.

求（Hershberger，2000）。对于一些重大的公共建设项目，政府部门会聘请相关机构进行专门的策划研究。例如，在布拉索斯河畔州立历史公园的总体规划（Washington on the Brazos State Historic Park Master Plan）中，原 CRS 事务所与规划团队雷·柏利（Ray Bailey）事务所合作，对规划中的展示设施、游客中心和历史城镇中心进行详细策划，包括视觉分析、展示需求、历史遗存展示等方面的内容。从中可以看出建筑策划对完善保护规划所起到的积极作用[①]。

我国现有控制体系中可细化的内容

从上述对比中可以看出，历史环境新建项目中一个重要的环节是从法规条例到设计内容的过渡，而美国历史环境项目的设计程序更加合理，这一点值得借鉴。在我国的实际操作过程中，现有的控制体系有三个方面的内容可以进一步细化：

第一，在一些控制性规划中，对于历史环境新建项目的建筑风貌特征只作原则上的建议，如在保护规划中对建筑形式、高度、体量等进行限制，要求与历史环境的风貌相协调[②]，这只是一个宏观的说明，而后续的文件中缺少具体的设计控制要求，特别是当项目所在地段没有进一步的城市设计内容时，由于更新过程不是一次完成的，后续的项目很可能因为设计者对这些原则理解的不同，造成在建筑形式、材料、空间等方面差别，难以形成连续的历史风貌。

第二，在一些城市设计中，建设控制地带更新的成果仅以效果图形式展现，而缺少导则指引。从保护规划的更新政策到形成具体的城市形象之间，缺少必要的说明，因此需要图示性内容和类似案例的补充。

第三，我国现有的设计控制更多注重规划指标如限高、容积率等限制性导则，这些指标不能更多地反映历史风貌和与周围环境协调等要求，哈佛城市设计系原系主任克雷格（Alex Krieger）教授分析城市设计策略时曾提出这样的疑问："除了日照和场地边界，为什么城市设计不能多考虑些关于健康、安全和公共利益的原则？"因此，设计导则中需要有对空间类型、邻里交往、环境行为等的进一步研究，即引导性导则。

因此，在历史环境新建项目设计条件的整理中，有必要针对具体的控制提出相应的设计策略，这就需要在现有的控制条件与具体设计之间，加入一个分析与转译的步骤，即建筑策划的过程，把抽象的设计控制、法律规范转化为具体可操作的设计指导，

① 详见 CRS Center Archives. Washington on the Brazos State Historic Park Master Plan. Ref: 1000.0010

② 太原市规划局 . 太原市历史建筑保护专项规划 .2012.

并对一些重要控制条件提供可能的设计模式和图解。下面将通过美国费城的历史环境项目设计的控制规定，进一步探讨策划过程在此类项目设计控制中的应用。

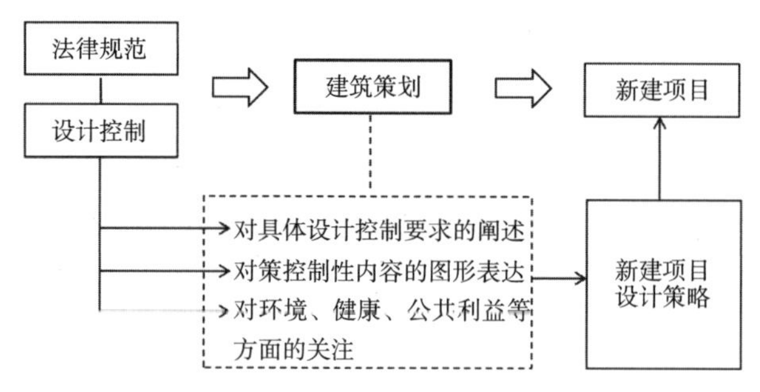

图 2.11　建筑策划在建筑控制体系中的分析与转译作用
（图片来源：自绘）

2.3.2　费城历史街区的设计控制与启示

费城控制导则

美国费城拥有众多的历史建筑、街区和丰富的文化遗产，见证了美国独立以来许多重要的历史事件。上面已提到，美国的历史环境相关设计条例是由各州自行订制，其中费城的条例主要是由名为费城保护联盟（Preservation Alliance）[①] 的组织制定，该组织是独立性的非营利组织，成员包括历史保护领域的学者、顾问、建筑师，也包括地产商、金融人士等。该组织致力于评估、保护与复兴费城历史街区和历史建筑，起草了一系列关于历史环境保护与建设的报告，其中一份重要的文件是《场所感知：费城历史环境新建项目控制导则》（简称“费城控制导则”）。该导则指出，为了更好地保护和修缮费城注册在案的历史建筑和街区，费城保护联盟重点关注历史环境中新建项目的影响评估，并努力减轻其影响。该组织认为，在一些项目中建筑设计过于强调展示自我而忽视了文脉，因此有必要通过制定导则加以引导。但同时，该组织强调其导则并不会限制新的设计想法，例如西联大厦（West Union Building）、美国天然产品协会大楼（National Products Building）扩建等项目，都体现出新的建筑形式与历史环

① 费城保护联盟是 1996 年由两个机构合并而成：一个是保护同盟（Preservation Coalition），主要关注历史建筑保护的宣传教育工作；另一个是费城历史保护团体（Philadelphia Historic Preservation Corporation），为半官方性质，主要侧重于历史建筑的更新与再利用。合并后的费城保护联盟得到了威廉·佩恩基金会（William Penn Foundation）和美国历史保护信托基金（National Trust for Historic Preservation）的资助。

境相切实的关联（Preservation Alliance，2007）。

内容和控制目标

费城控制导则大体上分为三个部分：第一部分通过对历史环境中成功的设计案例进行分析，总结出新建项目的四点可行策略：建筑语汇的复制、相关形式的再创造、抽象的参考、有意识的对立[①]。这四点策略也是费城对新建项目评估的重要标准。从中可以看出，该策略不是单纯的保护，而是强调差异与兼容（differentiatedand compatible）共存。第二部分比较了其他地区的设计导则，包括费城历史委员会和规划部门的规定，以及国家历史街区名单上的利顿豪斯 - 菲尔特街区（Rittenhouse Filter）发展计划等，这些导则主要针对所在区域的建筑形式、风格、空间特征等方面，也有对设计理念的要求，费城历史委员会导则中指出，新的建筑应更好地体现当前时代的特征，而不是刻意给出虚假的历史意象（Preservation Alliance，2007）。第三部分则详细阐释了设计控制需求，分为高度、街道控制线、界面、立面元素、街道体验和材料细部，其中包括限制性的要求，如新建建筑与区域或地段高度保持一致，建筑保持三段式立面构成等；也有为了体现人性化和创造良好环境体验而设定的要求，如通过小尺度材料营造细部，强调建筑的人性化尺度，以及通过窗或门的排列达到街区的韵律感等。

费城控制导则不仅指导历史环境中的新建项目，也可以作为对现有建筑的评判准则。导则的附录部分选取了费城地区的一些新建房屋，按照上面提到的六类导则进行分析，找出其中不满足要求的项目，并提出改进意见。费城保护联盟一共选取了 19 个新建项目进行评价，从低密度住宅到高层写字楼（Preservation Alliance，2007）。评价过程包括两方面，一是对导则中列出的各项控制要求进行逐条审核，二是通过委员会和市民组成的小组进行评议，判断其是否与历史环境相容。从评价的结果来看，两者得到结果基本一致，被委员会所认可的设计项目大多遵循了控制条件，当然这些项目并不需要满足全部的条件。笔者进行了一项简单统计，被认为“适合历史环境的新建项目”至少满足了导则中的 70% 控制要求，这也体现出该研究成果的有效性和灵活性。这项评价也修正了原有导则中的一些内容，比如委员会在高层建筑的评价中，发现体量对历史环境的影响比高度更加明显，因此减弱近人尺度体量感是一个重要的设计因素。

---

① 这四点策略是圣母大学建筑系教授斯蒂芬・希姆斯（Steven Semes）根据他在 2007 年美国历史保护大会上的主题报告整理而成。

费城设计导则中的主要设计控制策略　　表 2.2

费城设计导则中的主要设计控制策略
总体要求 ● 与历史环境和街区在规模、尺度、颜色、材料、特征上保持兼容性 ● 与现有文脉在意象上并置
高度 ● 保持历史环境或街区高度上的接续性 ● 保持相邻屋顶线的连续性，不要超出一层以上；或者较高建筑的檐口线退后
街道控制面 ● 保持历史环境和街区中的街道和建筑控制线特征，例如空地和门廊退界等 ● 建筑外墙的连续性
立面构图 ● 保持三段式的立面构图，即基座、中段和顶部 ● 保持立面垂直方向的形态 ● 使用檐口线或其他清晰的建筑手段限定屋顶轮廓 ● 有一定比例的开窗方式与历史环境或街区其他开窗相关 ● 避免不透明的立面 ● 在首层提供一定比例的入户门和可开启窗，创造对行人友好的氛围 ● 与相邻建筑的檐口线和窗台对齐
韵律 / 行人体验 ● 通过建筑手段将立面进行分隔，保持亲切的人行尺度 ● 通过门窗形成建筑的韵律感
材料 ● 使用与历史环境相似的材料和颜色 ● 通过材料创造建筑细部，包括材质肌理和立体的特征，创造人性化尺度

（资料来源：自绘）

费城模式的启示

费城控制导则也成了许多地区历史环境新建项目导则的范本，苏格兰历史建筑委员会编写的《历史环境中的新设计》一书吸收了费城的设计策略与评价经验。该委员会负责人卢瑟·帕森斯（Ruth Parsons）认为这些经验可以帮助他们更好地建立新建项目的设计标准。在这本书中，费城保护联盟的操作模式被归纳为四个步骤：一是分析历史环境特征，二是评价重要性并提出与设计有关的结论，三是将分析和评价的成果体现在设计中，四是将成果交由委员会审议。这四个步骤保证了新建项目既能满足总体设计原则，也能够理解并转译特定历史环境的设计需求（Historic Scotland，2010）。这些研究为建筑策划的引入提供了依据。评价的另一个成果是区分了设计策略的“充分性”和“必要性”，如上面提到的“抽象的参考”几乎出现

图 2.12　尼姆现代艺术中心体现出新建项目与历史环境有意识的对立

（图片来源：自绘）

在所有成功的实践中，而“有意识的对立”在多数评价中被认为是与历史环境相悖的，但也造就了一些经典的设计，如诺曼·福斯特（Norman Foster）设计的尼姆现代艺术中心（Carré d'art），现代建筑与罗马神殿交相呼应。因此，有必要按照项目的具体情况区别提出设计控制要求，对于必要性的策略予以强调，而将充分性的策略作为补充建议。

2.3.3　设计控制体系与建筑策划的理念衔接

美国历史环境的设计控制体系提供了从法规到具体设计衔接的参考，也证明了可以通过系统分析的方法，更好地协调新建项目与历史环境共存的问题，加强对环境因素和历史特征的分析，提出具有可操作性的设计标准，并制定评价与反馈机制。从上面费城与苏格兰的案例可以看出，这种设计控制与建筑策划方法在理念上有着一定的相似，但在具体的操作方法上有所不同。

首先，两者都强调以价值为核心（value-centered）的研究。前面介绍过赫什伯格的策划理念，主要是通过多种价值因素来分析原有策划中功能和形态不能涵盖的问题。而在设计控制中，价值理念对保护与设计策略产生了决定性的影响。这也引发了一个思考：除去形态、尺度、空间这些表观的特征，什么是历史街区的新建项目研究的本质问题？费城控制导则制定者之一、宾夕法尼亚大学教授兰道尔·梅森（Randall Mason）认为，最重要的是体现设计的多样性价值（multivalence）。在传统的保护规划中，维护历史环境的做法是在记忆与环境间建立感知联系，是以记忆为核心的（memory-centered）。历史建筑被当作昔日的见证或庄严的象征，无论是修复肌理或是还原形态，目的都是为了恢复这种记忆。然而，传统的保护理论没有解决与现实的关系，因此，它需要接受现实中文化的变化和社会的发展，集体记忆也是会改变的，虽然不能预测他如何改变（Mason，2003）。面对全球化、移民、经济变革、文化入侵的复杂社会现象，需要有新的思路来面对历史环境的问题。而以价值为核心的理念有助于应对这些问题。这一理念强调个体或团体对建筑价值的评定，因为这样提出的设计策略体现多样的价值而不是某种道德标准，这种价值既包括历史、文化、美学因素，也包括经济、教育、生态等方面的内容（Avrami，et al.，2000）。

其次，两者都强调历史环境中的场所感（sense of place）而非时间感（sense of time）。费城控制导则中写道，历史环境新建按项目的设计理念是场所感，即新建项目应该体现本时代的特征。希姆斯教授认为历史环境中包含了各种不同的建筑，但大多数建筑遵循着“连续性”这一特点，因此，新的建筑可以被设计成不同的形式，只要其能体现这一地区场所感并保持历史环境特征的连续性（Preservation Alliance，2007）。对新建建筑设计风格的选择不能一概而论。例如，金属和玻璃是现代主义建筑代表性的材料，强调简洁轻盈的效果，但通常也被认为是有意识地打断与历史的联系。然而，通过材料的处理也可以创造出符合历史氛围的建筑，如笔者在瑞士巴塞尔调研时，经当地人推荐，参观了一栋由赫尔佐格和德梅隆事务所设计的某私人公寓，这栋建筑位于老城中世纪风格的街区内，与两侧的老房子保持了连续的街道界面。面向街道的立面完全是玻璃幕墙，表皮是由铸铁加工而成的波浪形栅格，与周围带有装饰性的建筑和景观很好地协调[1]。相反地，在一段时期，一些被认为是“拼贴古典主义”的设计更加接近传统建筑，它们采用传统材料，也带有装饰与细部处理，但事实证明是与历史环境不兼容的，因为这些割裂的古典元素难以与地段产生直接关联，也没有很好地体现建筑的时代特征。因此，应该以历史环境的连续性为设计准则，而不是以时间来决定风格。

当然，美国历史环境的设计控制体系与本书讨论的建筑策划工作有一定不同。主要是两者的决策方式不同，虽然控制导则建立的设计标准是强调体现多价值因素，但无论决策的过程或评估的过程都是权威式的交流，即由专家或专家小组讨论决定，没有使用者和公众讨论的环节。这其中最主要的原因是产权关系，美国的设计控制主要是为私有产权者提供设计参考和自评依据，因此其方案设计过程中已考虑到使用者的空间需求、行为习惯、心理感知等因素，导则只需要将涉及历史环境和公共利益的内容加入进去。而对于我国当前历史环境的新建项目而言，自主建设和自主更新所占的比例还是很小，大多数的项目仍以政府或开发商建设为主。因此，为了充分了解建成环境中参与者的想法，需要在建筑策划环节完善设计条件的输入机制，综合得出设计结论。在实际操作过程中，策划协同模式的引入有助于设计控制体系和具体设计之间的衔接。

2.4　历史环境新建项目的策划协同模式探索

2.4.1　建筑策划的协同模式概念及其对设计的启示

建筑策划的协同模式概念及其作用

协同理论（synergy theory）最早是一个管理学概念。美国管理学家伊戈·安索夫（Igor Ansoff）提出，在项目管理、运营、投资等环节通过合理组织，可以有效地分配生产要素和环境资源等条件，形成资源互补，达成 1+1>2 的协同效应。协同理论的一个核心理念是“在不同阶段共同利用同一资源而产生整体效益”（Ansoff, 1965）。对于建设项目而言，虽然上面提到的设计控制与建筑策划是其中的两个不同环节，但

①　关于该项目中铸铁隔栅的想法，赫尔佐格和德梅隆事务所表示灵感来源于巴塞尔老城街道的下水箅子和行道树的围栏，他们希望将这种生活化的场景表现在建筑上，方案前期构想的详细介绍见该事务所网站 http://www.herzog-demeuron.com/index/projects/complete-works/。

两者的相互协作可以充分共享信息，使设计前期的工作更加完善。其中，设计控制对法律条例与规范进行梳理，并为建筑策划提供了策划构想参考；而建筑策划在调查方法、决策方法以及环境心理学研究等方面提供了科学系统的分析手段。

协同效应的关键在于不同阶段资源的充分联系。按照协同理论，当一种具有潜在价值的资源无法单独发挥作用时，则需要另一种资源来进行补充。将这种理论应用于建筑环节，可以将资源看作是策划和设计的输入条件和成果。协同操作并不只是不同环节的简单组合。例如，在一些建筑实践中，策划和设计是相对孤立的。虽然加入了策划环节，但其工作只是应对前期场地和需求信息等条件，而没有将设计构想带入分析之中，这样的策划成果不能充分地指导设计；同样，设计中如果忽视前期策划的分析成果，也容易造成方案与实际需求、特别是与使用者需求的脱离。为了发挥协同效应的积极影响，需要使资源（条件和成果）在统一的管理下进行，因此，需要建立一个综合的协同操作模式，使建筑策划和建筑设计实现一体化的资源配置。

综上所述，本研究将吸取设计控制体系和建筑策划方法各自的优点，以建筑策划操作模式为基础，结合设计项目的环境特点与保护需求，尝试提出历史环境新建项目的策划协同操作框架。在引出策划协同模式框架之前，有必要简单回顾一下建筑策划的操作步骤。建筑策划学从建立至今，已经形成了一套比较完善的操作体系。具体到每一步操作顺序和内容，国内外学者有着不同的分类方法，这些方法之间并没有严格的区别，主要是由于策划过程中关注的重点不同。笔者对其中几种较为主流格式进行比较，综合得出适合历史环境的策划协同模式框架。

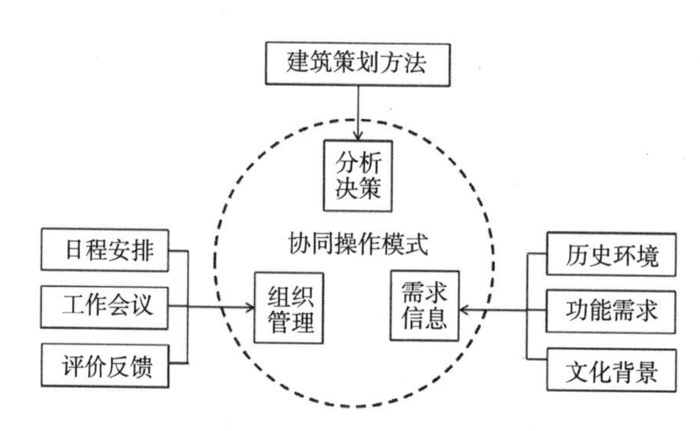

图 2.13　建筑策划协同模式的基本构想

（图片来源：自绘）

2.4.2　三种策划格式比选

首先是佩纳的问题搜寻法。上面已提到，问题搜寻法是最早将建筑策划作为体系研究的方法，并在 CRS 和 HOK 的建筑实践中得到了充分的验证。问题搜寻法分为以下五个内容：建立目标（goal）、分析现状（fact）、构思概念（concept）、征询需求（need）和问题陈述（problem statement）。这其中除了问题陈述体现最后的结果之外，前四项内容并没有固定的顺序。而所有的工作都体现在棕色板上（本章第 1 节有介绍），暂时无法得到的信息可以在板上留白，也可以根据策划进程的深入不断修正已填写的内容。从中可以看出，问题搜寻法强调整体性地处理问题，但不足之处在于每一步骤相对独立，矩阵形式没有揭示信息之间的相关度，因此无法明显地看出针对某一问题的解决思路。佩纳指出，信息的分析是不断循环反馈的过程。这一点被不同的策划模式广泛采纳。与佩纳的策划步骤相似的还有赫什伯格的策划方法，虽然与佩纳在价值因素的选择上有所不同，但赫什伯格承认他提出的策划方法“在结构和方法上都深受 CRS 策划方法的影响”（Hershberger，2000），依然保持目标、现状、概念、需求和问题五步骤。

另一个重要的策划框架由环境设计研究学会（EDRA）的沙诺夫提出。他认为虽然建筑策划是一个动态循环的过程，但如果要理性地讨论这一过程，有必要说明其结构特征并将其按步骤划分。他将这个过程形容为“从原材料到能量的转化”（Sanoff，1992）。沙诺夫将策划分为三个步骤：第一步是信息扩展，主要是将策划收集的信息加入已有设计条件，并在综合这些信息的过程中进行初步构想；第二步是分类，主要是将产生的构想进行组织，通过科学的分类方法，将问题减少到设计可以控制的程度；第三步是评估，将得出的结论按照设定的准则重新审视，以得出最好的选择。这三个步骤是一个循环推进的过程。从策划的最终成果来看，这一方法比问题搜寻法更进了一步。问题搜寻法是定义出问题（因为合同上来讲，佩纳希望严格地界定策划和设计这两个步骤），而沙诺夫法则是提出可能的解决方案。在沙诺夫之后，加州理工大学的杜尔克教授将其方法进一步细化，她认为策划的工作有两项，一是以系统的方法阐述设计问题，二是定义满足成功设计的需求。杜尔克将策划步骤分为六步，依次是接受问题—收集信息—定义问题—选择策划概念—评估概念—提出解决方案，这些步骤同样是循环的过程（Duerk，1993）。除了将每一步的内容具体化，杜尔克重新将“定义问题”列为一项专门的内容[①]。她认为只有明确了策划的任务，才能一步步地发展出设计目标和性能需求，最后得出策划概念。两者都强调策划过程的逻辑性。

国内的建筑策划理论研究起步较晚，更多的是从建筑实践中总结经验，探讨设计构思方法。较早对建筑策划方法进行系统性阐述的是清华大学庄惟敏教授，他认为，建筑策划的任务是通过实态调查，取得量化的物理信息和心理信息，并将这些调查资料用建筑语言表述出来，得出下一步的设计依据（庄惟敏，2000）。从程序上看，策划是一个“承上启下”的过程，向上分析项目与社会、环境、经济的关系，向下研究规模容量、空间尺寸等。具体来说分为六个步骤：

- 第一步，目标设定。明确项目的立项要求和设计目标。
- 第二步，条件调查。包括社会、人文等外部条件调查，也包括使用功能等内部条件调查。
- 第三步，设计构想。提出关于空间方面的软构想和关于技术方面硬构想。
- 第四步，经济策划。通过投资估算评估项目的费用和回报率（主要针对商业项目），其结果也会对设计构想进行反馈。
- 第五步，拟定报告。表述全部策划工作。
- 同步评价反馈：需求预测和空间评价。将设计构想进行模拟，得出使用和感官上的评价，反馈修正第三步的内容。

与之前介绍的两种策划构架相比，庄惟敏教授提出的方法更加适应于国内的设计流程和组织管理，有助于策划活动参与者准确地定位各自的工作。本书提出的策划协同模式的框架主要以庄惟敏教授的策划程序为基础，结合历史环境项目的特点，在空间构想的基础上加入关于场地、实体、运营等方面的内容；同时吸收上述国外策划理论中的经验，提出有针对性的调查、分类与评估方法，更好地为设计提供帮助。

2.4.3 策划协同模式的框架

根据上一节的比较分析，笔者综合得出建筑策划协同模式的框架，具体共分为四个步骤：

① 杜尔克的策划理念综合了沙诺夫和佩纳的观点，这与她的经历有关。她曾在环境设计研究学会（EDRA）执委会工作三年，也曾在CRS事务所工作。这也体现在杜尔克的设计观念上，她曾在采访中表示自己仍坚持考迪尔的“建筑设计是为人而服务”的看法。详见加州理工大学对杜尔克的采访 http://www.architecture.calpoly.edu/content/people/emeriti_faculty_interviews/donna_duerk-interview_fall2010

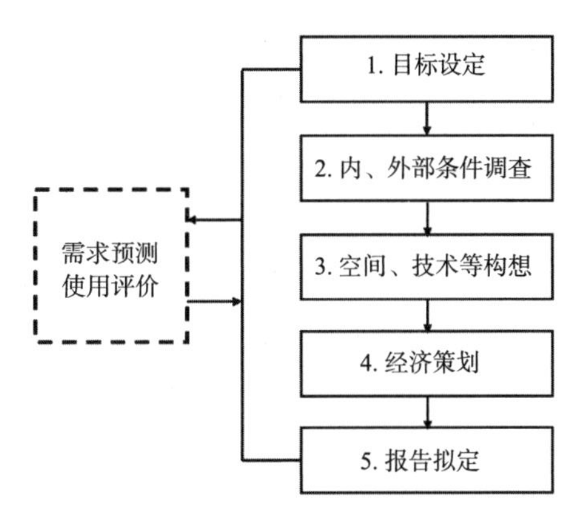

图 2.14　庄惟敏法的建筑策划格式
（资料来源：根据庄惟敏 . 建筑策划导论 [M].2000 自绘）

● 信息收集：其中包括法规、条例、保护规划等客观信息的收集，更重要的是主观信息的收集，包括业主的设计目标、使用者的需求以及项目可能对周边居民的影响等。这一部分的工作由业主、策划团队和使用者共同完成。

● 需求界定：将上一阶段收集信息进行分类，将其按照设计内容分为场地、实体、空间和运营四大类，明确可能的限定条件，并通过价值分析和系统观测等策划工具界定每一类型需求。这一阶段的工作主要由策划团队完成。

● 策划构想：根据界定的需求进行策划构想，将限定条件和需求通过建筑语言表达出来，并提出可能的设计策略。这一阶段的工作由策划团队完成，也可以由负责建筑设计的团队共同参与。

● 评估反馈：主要包括业主及使用者的意见征询和策划自评机制，建立合适的准则，将结果反馈到最初的设计需求上，进行调整与总结。这一部分的工作由业主、策划团队和使用者共同完成。

建立协同操作的框架有助于系统性地组织策划中的交流、分析、转移、评估等工作，目的是保证新建项目能够体现历史环境的文脉特征，满足法规和公共利益。而且，明晰的策划过程可以独立输出每一步的结果，有助于对策划概念的理解和历史环境项目的审查。除了明确操作步骤外，成功的策划也需要合理运用策划分析工具和提出设计构想，这部分内容会在后面的章节中具体论述。

2.4.4 策划协同模式的主要作用

引入策划协同模式作为历史环境新建项目的前期分析工具，将在设计衔接和信息处理等方面发挥积极作用。与传统设计过程相比，策划协同模式有以下优点：

第一，策划协同模式有助于加强策划主体与设计主体之间的联系

前面提到，策划活动的参与者包括策划者、业主和使用者等。在我国当前的建筑实践中，很多时候建筑策划没有成为独立的研究环节，或者只是作为项目前期咨询的一部分。这样造成了两种情况，一种是建筑师完全代替策划者，将策划直接融入设计构思的阶段。这要求建筑师有充分的经验，同时在设计过程中需要不断地与业主和使用者进行沟通。赫什伯格认为这种方法容易受建筑师主观判断的影响，而对于复杂的设计也容易忽视某些重要的需求信息。另一种是咨询公司或城市设计阶段所作的需求分析被简单地表述在策划报告中，这样容易造成信息不对等，致使设计者提出的设计策略可能与实际需求产生矛盾。因此，在设计分工更加精细的今天，专业性的策划变得越来越普遍（庄惟敏，2000）。

策划协同模式的操作主体包括专业的策划人员、业主、历史保护方面的专家、运营团队，也包括设计师，其中参与策划的设计师将在下一步的设计过程中起到串联作用①。策划主体需要负责与使用者、项目管理者以及相关的社会团体交换信息，以保证各方面的需求。有时相似设计需求实际上是由完全不同的问题所引起的，如策划书中对“街道界面的通透性”的要求，在旧金山斯特兰德剧场（ACT Strand Theater）和休斯顿琼斯音乐厅（Jones Hall）的策划中均有提及，但前者是为了拉近实验剧场与普通公众之间的距离，后者则是为了给等候入场的观众提供一个欣赏街道景色的平台②。因此，建筑策划协同模式的“策划构想”这一步骤中应邀请建筑师一起参与，共同协商设计策略，加强策划主体与设计主体的联系，保证设计信息的连续性。

---

① 库姆林认为策划活动中的主要负责人不应该成为设计的主要负责人，但策划团队中应该有人作为后续设计的协调者，保证信息的传达，也有利于策划团队的经验积累。详见他在《建筑策划》（*Architectural Programming: Creative Techniques for Design Professionals*）一书中的阐述。

② 旧金山斯特兰德剧院位于旧金山剧院历史街区，由 SOM 事务所负责改建设计，工程于 2016 年完成。休斯顿琼斯音乐厅位于休斯顿市中心，由 CRS 事务所设计，1970 年建成。这两个项目的策划在后面会详细介绍。

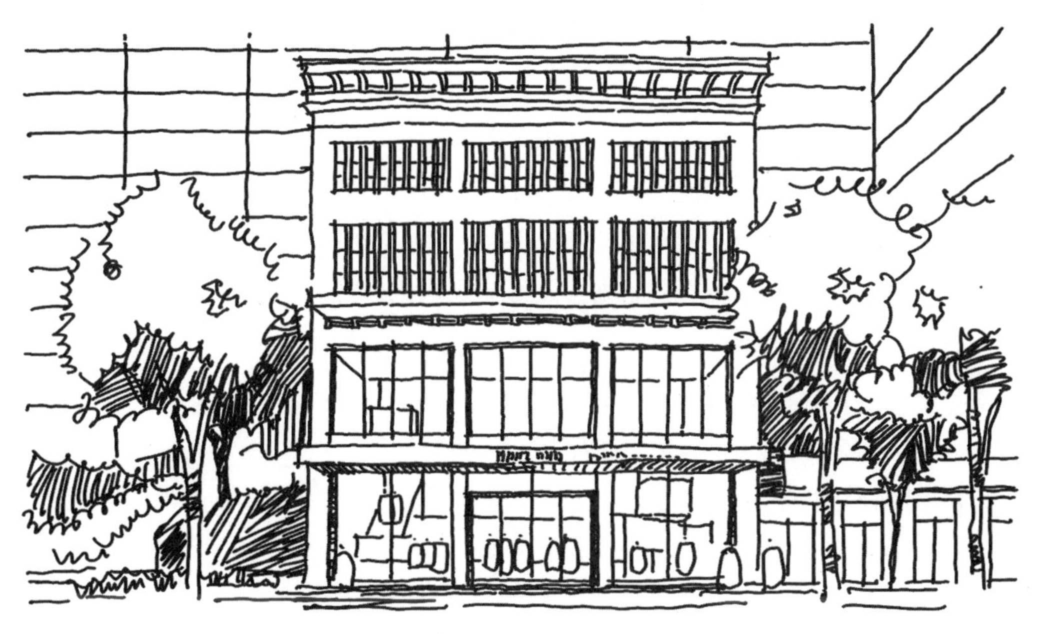

图 2.15　旧金山斯特兰德剧场的策划中，希望通过界面的通透性联系剧场前厅与外部剧院历史街区
（资料来源：SOM Archives）

第二，策划协同模式有助于把对历史环境价值的描述从定性描述转变为定量分析

历史环境中的特征与其所在地区人文、技术、美学、安全等因素相关，而文化背景是所有发展的基础，策划需要寻找这些因素对项目带来的直接和间接影响。美国盖蒂保护中心（Getty Conservation Institute）的报告指出，由于某些隐含的价值使这些特定的场所变得有意义，从一般性的地方变成为“遗产”。因此无论是保护或者通过这些遗产创造新的利益（比如未来的更新），有必要弄清有哪些重要的价值（Avrami，et al.，2000）。这一过程是定性描述的过程。对于设计而言，需要对历史环境中每一部分的重要性进行评估，以帮助策划者和设计者明确设计的方向。但当决策可能影响到几种相关联的价值领域时，定性的描述就很难发挥作用（Historic Scotland，2010）。因此，需要在策划阶段对一些与设计相关的价值因素进行定量的分析。

数学方法的发展使策划的定量分析更加精确，包括语义学分析法、优先级矩阵法、层级分析法等。例如，为了初步判断某新建项目中各种环境因素的相关性，可以通过优先级矩阵法，列出需要比较的因素，如文化设施、学校、居民交往、距离等，进行两两比较，将优先性选项的序号填入表格，最终按照表格统计的数量排序。这种方法可以帮助策划决策者简化价值因素之间的关系，将抽象的问题指数化（Sanoff，

1992）。虽然策划的过程不完全是依靠数据分析作出判断，但是定量分析保证了策划过程的科学性和客观性。

第三，策划协同模式有助于历史环境文化真实性的传达

近些年，由历史文化名城和历史文化名街[①]所带动的观光旅游热潮和巨大经济收益，也成了历史环境新建项目重要的推动力。一些城市为了扩大影响力，急于将历史文化街区内的新老建筑彻底整治更新，或将原有规模较小的历史街区规划扩张，这样的更新过程反而损害了历史风貌的真实性和当地居民的利益，也违反了《威尼斯宪章》中关于"真实性（Authenticity）[②]"的看法。我国"历史文化名街"评定的原则将其解释为三点：较多的原有居民、历史和社会生活的延续性以及可持续发展的经济文化活力。从保护历史环境整体风貌的角度看，真实性原则是地段更新中的最重要原则。近些年随着保护意识的增强，地方政府开始加强对文化真实性的重视。

在各地新修订的历史文化名城保护条例和一些历史街区更新方案中，都有对文化真实性的表述，但具体落实到保护和更新问题中还是会出现各种问题，因此这一问题需要得到重视。哈佛大学城市规划与设计系（UPD）在波士顿切尔西区的项目提供了一个很好的范例。在前期策划过程中，团队首先对公众意见进行征询，以确定更新项目重点关注的设计因素，例如该地区历史环境中房屋、商业、工业特色，街区与城市的连接性，提供就业机会和住房带动劳动力增长等。公众参与是维护生活真实性的重要途径，然而在现阶段，公众参与还没有形成系统化的制度，公众参与以何种形式介入历史文化街区的更新值得进一步讨论。巴奈特在城市更新研究中指出："如果是拆除邻里单元，也许不一定需要公众参与；但想要全部或部分地保留下来，必须将公众的意见纳入规划过程中。"（Barnett，1982）建筑策划协同模式为公众参与提供了接口。比如在提供设计构想的时候，征集公众的意见有助于设计师避免可能的经验主义错误。而建筑策划方法中的实证调查，也有助于补充设计师所不熟悉的一些建筑细节，使设计项目更加贴近原有生活。

---

① 根据《中华人民共和国文物保护法》，历史文化名城是指"保存文物特别丰富，具有重大历史文化价值和革命意义的城市"。截至 2019 年，国务院已审批的历史文化名城共有 130 个；历史文化名街是经中华人民共和国文化部、国家文物局批准后由中国文化报社联合中国文物报社举办的一项评选推介活动。截至 2019 年，已评选出 43 个历史文化名街。

② Authenticity 也有翻译为"原真性"的，但"真实性"更加准确地体现出《威尼斯宪章》中"表达历史全过程的可信"这一含义，本文中均用"真实性"一词。详见：王景慧．"真实性"与"原真性"．建筑学报，2010（S2）．

2.5 本章小结

本章从建筑策划的理论发展入手，研究其核心理念和当前策划活动特点，结合哈佛大学的策划案例，详细解读建筑策划在历史环境新建项目中的操作模式和作用。建筑策划提供了一种理性的分析工具和信息整合方案，增加文脉等因素的考虑，有助于理性分析和感性创造平衡。除了理论与实践层面对接，本章通过我国和欧美国家的设计控制内容研究，对于其中出现的缺少具体设计控制要求和导则指引等问题，结合费城控制导则经验，提出建筑策划在程序上的对接，即设计控制到具体设计策略过程中分析与转译的步骤。最后从方法层面，结合历史环境设计特点，引入建筑策划的协同模式，提出策划协同模式的思考和框架，使不同设计阶段的资源能够充分联系。

策划协同模式可以分为信息收集、需求界定、策划构想、评估反馈四个环节。对于本研究而言，协同操作中最重要的资源是项目的需求信息，即搜寻项目中需要解决的问题。那么，历史环境新建项目有哪些重要的信息需要收集？如何加强策划主体、设计主体、使用主体之间的信息联系？又如何实现历史环境价值的定性描述到定量分析？在第 3 章中，将结合策划理论和实践案例，将对协同操作的信息处理环节进行研究。

第3章

策划协同模式的信息处理

3.1 历史环境新建项目中的信息处理

3.1.1 当前信息处理的一般程序与方法

历史环境新建项目信息收集包括两部分。常规的部分主要是收集和提供上报行政审批中所需要的信息，由于策划阶段尚不属于规定的设计审查内容，按照当前我国的工程项目设计程序，策划过程一般是在规划总图审查和确定规划设计条件之后，在具体的方案设计之前，因此，这一部分的信息包括项目规划定位、建设容量、范围、建筑形态、高度、功能，以及安全等方面初步的构想。另一部分是作为历史环境中的项目专项信息收集工作，在东南大学参与编写的历史文化街区项目“现状调研与评估技术指引”中，将设计相关信息分为上位规划及相关要求、街区空间格局与肌理、非物质文化遗产等十一类内容，其具体要求如表3.1所示。其中，前九项内容均为客观信息的收集，而后两项内容则涉及对设计需求和策略的研究。

设计相关信息 **表3.1**

上位规划及相关规划要求	· 城镇总体规划对该历史文化街区的规划定位 · 历史文化名城、名镇保护规划对该街区的保护要求 · 规划实施的保护、利用状况和管理状况
自然环境特征	· 历史文化街区的自然环境因素
街区功能	· 历史文化街区在当前城镇中的经济社会功能 · 历史文化街区的公共服务设施状况
空间格局与肌理	· 历史文化街区的街巷空间格局与街巷肌理的保存和演变状况 · 具有城市特定发展时期特征的街巷、广场、滨水等公共开放空间 · 界面的保存和变化状况，其空间关系及遗存特征

续表

文物保护单位	· 归纳相关文物保护单位的基本情况 · 不同等级文物保护单位的分布 · 各文物保护单位已公布的保护范围、建设控制地带的边界和保护措施
建筑物、构筑物和环境设施、古树名木	· 历史文化街区建筑物的年代、质量、层数、风貌、功能状况、产权状况 · 影响历史文化街区风貌特征的界面、构筑物和环境设施 · 街区内的古树、名木的分布及生长状况
非物质文化遗产	· 历史文化街区的非物质文化遗产 · 非物质文化遗产与历史文化街区物质文化遗产的关系
交通及市政设施	· 历史文化街区内的道路状况、停车设施状况、市政设施状况
人口与社会经济	· 历史文化街区的居住人口状况 · 常住人口和流动人口的数量、从业状况、历史文化街区内的业态分布

从技术指引所罗列的内容可以看出，设计前期的信息不仅是对客观条件的陈述，还需要从中得出这些条件对历史环境氛围和使用者心理的影响，作为设计参考。例如，历史文化实物遗存如何影响文化氛围，建筑功能如何影响建筑的文化价值和利用方式等。此外，对于建筑评估方法和如何收集公众意向，也需要作进一步阐述（表 3.2）。

历史环境现状调研中的主观信息　　表 3.2

公众意向	· 历史街区居民及社会公众对历史文化街区规划的意见和建议
历史文化街区的价值评估与现状评估	· 历史文化街区的历史价值、艺术价值、科学价值等的评估 · 历史文化街区建筑及环境设施现状的评估 · 建筑的历史价值 · 建筑的文化价值和利用方式 · 建筑保护利用的可能性及其维修方式 · 历史文化街区的整体格局和维修理念 · 历史文化街区文化氛围

[资料来源：东南大学建筑学院参编，历史文化街区保护规划编制导则（试行），2008]

在实态调研方面，特别是对于历史环境中的居民生活，一些民间机构的工作起到了重要的补充。例如北京文化遗产保护中心（简称 CHP），该组织的主要工作是帮助居民保护自己的文化遗产，号召公民社会建设和文化复兴。为了确保社区在文化遗产的保护和管理上的主动性，CHP 主要面向基层群众开展教育，以保证社区内自发的保护文化遗产的努力能够坚持下去，并使其成为可持续性的一种行为。CHP 还组织了一系列与历史环境有关的社会调研和公众征询活动，包括串联北京历史文化保护区步行系统的“文化小径”项目，和“钟鼓楼街区文化保护网络”等项目，清华大学建筑学院也曾参与过其中的工作。借助上百名志愿者深入的调研和访谈，CHP 收集了很多原有规划和设计中没有的信息，包括文化街区内的建筑保存状况、屋顶风格、居民组成与改善意愿、道路机动车流量、宅间绿化、商业功能置换比例情况，并梳理在《关于北京老城保护状况的评价报告》中。虽然这些内容并不一定直接影响新建项目的设计策略，但是有助于策划者了解历史环境的原生态信息，并在策划报告中有所体现。在调研中，一位当地居民曾向笔者热情地介绍了适合建筑的树种和不同季节的藤类植物搭配，这些信息都有可能转化为潜在的设计要素。CHP 的负责人何成中在清华大学建筑学院的演讲中谈到，历史环境的生活不仅是老的房子，还需要很多的细节，他认为“这种生活的恢复和管理需要每个人的努力①”。在欧洲一些国家如德国，新建项目可以得到较为详细的登记信息和来自民间团体的调查意见，但在国内很多城市，尚缺少类似于 CHP 这样的民间组织提供详细信息作为设计参考。

信息的选择也体现出对历史环境价值的判断，如对历史风貌的整体性保护和重点历史文物的保护，这些都将成为新建项目策划和设计中重要的限定条件。而这些信息都是属于静态的输入条件，其本身并不会随着项目的进行而改变。但在某些情况下，一些信息或限定条件是可以根据业主或使用者的需求动态变化，而这些动态的信息也会对后续的项目产生影响。

例如在 SOM 事务所设计的哈佛北区（Harvard North Precinct）策划②中，校方希望将原有散落在哈佛北区的小型的院系、教室和实验室容纳进新的实验楼，重新整合空间，形成新的围合院落，使校园真正成为交流和展示的空间。在这个项目中，收集动态的输入条件更加重要。笔者向参与该项目的 SOM 事务所设计师珍妮佛・斯寇卢德女士（Jennifer Skowlund）询问情况，她表示当时最大的限制不是来自历史建筑保护条例或是建筑风格，而是如何在未来不断增加的使用需求下，仍能保持哈佛北区的空间格局。因此，空间增长的信息、地下空间的利用情况、甚至是建筑物移动的可能性都需要收集信息，在这个项目中，邻近的法学院有三座近百年历史的住宅被整体平移。因此，策划之前得到的静态信息并不是指引设计的全部内容，更多的动态信息需要结合设计的需求进行收集和分析。

---

① 详见何成中 2010 年 12 月在清华大学建筑学院的讲座“历史街区的现代困境：以钟鼓楼街区为例”。

② 哈佛北区项目是 SOM 事务所为哈佛大学面向新时期校园规划和建筑设计所做的工作，项目自 2002 年起，城市设计负责人为芝加哥事务所合伙人菲利普・恩奎斯特（Philip Enquist）教授，也是《城市营造：21 世纪城市设计的九项原则》一书的合作者。他对笔者的研究给予了很大帮助，本书第 4 章会对哈佛北区项目的策划作进一步分析。

3.1.2　现有信息处理工作中的不足

从上述历史环境新建项目的信息收集现状可以看出，现有的信息处理在内容和方法上尚存在一些不足，在策划协同模式中需要针对这些问题进一步完善。具体来说有以下几点：

首先是信息不足或过量。信息收集是建筑策划工作的第一步，在信息的收集或讨论过程中可能会揭示设计需求。信息的数量是一个问题，历史环境中的信息可能会远超一般的项目，因此需要避免在策划过程中的信息堵塞。有时会出现这种情况，在一些设计任务书中有大量的关于历史背景或该地区非物质文化遗产方面的介绍，但对于使用需求或者环境因素的阐述则不甚清晰，而后者往往给建筑设计带来直接影响。例如在上一章分析的拉尔森楼策划案中，对于坎布里奇地区标志性的天际线的强调，要远比叙述哈佛校园的发展史更重要。切丽认为，所有的信息可能在某些次要程度上都是互相关联的，但是它们不可能都是一样的有用（Cherry，1999）。

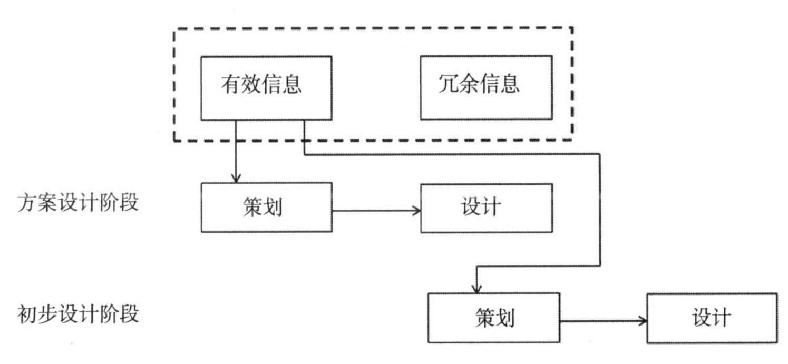

图 3.1　信息分类与策划的两阶段程序
（图片来源：自绘）

那么，如何定义信息是否过量或不足？美国的策划学者给出了这样的解释：回到策划的基本任务上看，策划是搜寻设计问题的工具，因此策划的信息量只要满足具体问题讨论所需要的清晰度，并不要求每一主题的清晰度都是相同的。检验策划规模是否恰当的途径是考虑策划使用者的理解力，包括业主、公众、监管者等，但最直接也是最频繁的使用者是建筑师。大多数建筑师首先处理范围最大的问题，如涉及形象、空间和行为方式的问题，而一些细节的问题比如灯具布置，则与建筑物的独特性关系相对较小，这些信息可以放在方案设计之后去讨论，这种分类被佩纳称为“策划的两阶段程序[①]”（Pena，et al.，2012）。而一些可能影响整体设计的细节，如特定的自然光效果会对建筑形态有暗示，这时就需要协调提供自然光的途径和建筑外部设计，这时细节的信息是必要的，以帮助建筑师了解使用者的意图。

其次是从数据到有效信息过程的缺失。信息处理中最常见的错误是把数据当作信息，特别是对于历史环境中的新建项目而言，单纯地给出建设指标，或者未经整理过的调研意见，很容易造成设计师理解上的偏差，在数据中难以发现有价值的历史信息。最明显的例子就是定义信息的优先级，例如建筑占地面积、高度、沿街面退界、窗墙比、公共绿地的视域等，这些因素都会对已有的历史环境带来影响，但是在策划中，策略的选择可能存在彼此矛盾的现象，因此需要首先确定信息处理的先后次序，才能保证策划的顺利进行。切丽认为，从数据到信息是一个综合的过程，需要将大量的信息进行筛选和组织，以确保传送到建筑师手中的信息是精炼而有效的。

为了得出这些信息，策划研究学者提供了许多实用性的方法，库姆林在《建筑策划：设计实践的创造性工具》中介绍了图形分析法、关系矩阵、随机词法（ramdom word）等方法，库姆林主要强调思维方式的转变，他认为对于设计问题，非专业参与者习惯用语言思维，而设计师习惯用图形思维，策划则成为两者之间的桥梁。此外，庄惟敏教授在《建筑策划导论》中主要介绍了数理分析方法，通过大量数据分析找出其中内在关系，这些方法包括数值解析法和多因子变量法等。从数据到信息的转化是揭示设计需求的重要过程。

最后是信息的表述方式较为单一。最常见的表述方式是文字说明和统计表格，这种表述方式对于已有的量化信息比较有效，但有时不能体现信息的全部内容。例如，受访者对于历史环境的空间意象就很难描述，而且受访者的心理认知也可能并不符合逻辑，但这不代表策划书中可以略去这些信息，正如人类学者肯尼斯·博尔丁（Kenneth Boulding）认为的那样，人们会按照他们认为正确的理解来行事，而不是按照逻辑。这也说明了为什么有时经过精心设计的场地却无人问津。因此，在策划阶段需要保证信息的完整传达。现有表述方式的另一个不便是，当策划对象比较复杂时，建筑师很难从烦琐的表格中读出所需的内容。

---

① 佩纳认为，需要在恰当的时间，恰当地按比例决定信息的规模，即建筑策划的两阶段程序。与方案设计相关的策划信息被记入方案策划（schematic programming），与初步设计相关的策划信息应该被单独记入初步设计策划（design development programming）。

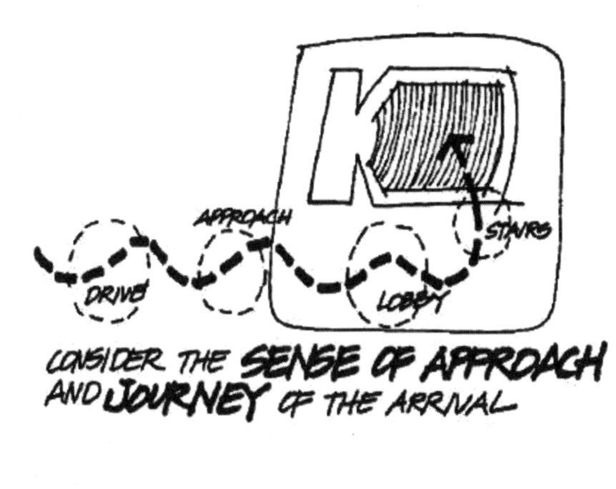

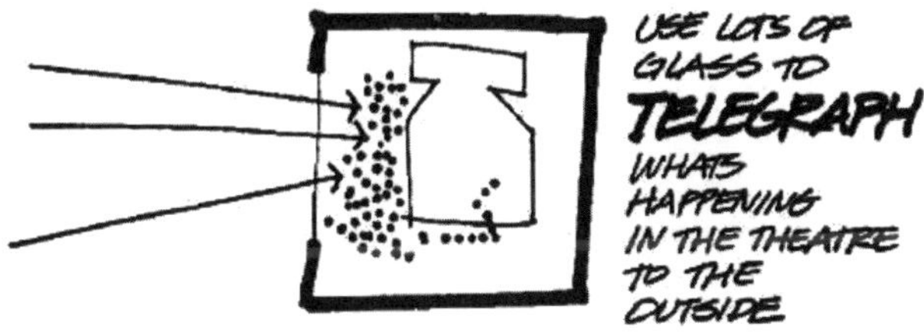

图 3.2　在琼斯音乐厅的策划中，CRS 用简洁的文字和概念性图示的表达需求信息
（资料来源：根据 CRS Center Archives. Performing Arts Centers Brain Drain Report. Ref: 0298.0579 改绘）

以国内某历史地段剧院的策划为例，在策划报告中，空间需求主要是基于规范的剧场设计详细指标，而通过市民调研得出的场地活动则以调查表的形式出现，两者之间缺少必要的衔接。例如，表中仅标明室外疏散场地的面积指标，没有讨论与室外场地的布置关系；另外，从调查表中得出，市民所希望的活动场地是小尺度的围合或半围合空间，这些空间与上述的疏散空间是共用还是相互独立，都是策划中需要说明的问题。在这一点上，休斯敦琼斯音乐厅的策划报告提供了一个成功的范例，CRS 在开始进行策划的时候就是将音乐厅主体部分与公共空间一起考虑的，而音乐厅的尺寸选择也是为了能够在侧翼留出足够的空间作为共享大厅。在策划书中，收集的信息和列举的需求没有采用表格形式，而是采用简洁的图示进行说明[①]。这样表述有助于简化信息的内容。

从上述三点可以看出，历史环境新建项目的信息处理不应是简单的信息列举，而是需要通过科学的方法，将获得的数据转移成清晰、有效的信息传递给后续的设计人

① 详见 CRS Center Archives. Performing Arts Centers Brain Drain Report. Ref: 0298.0579

员，这样才能充分体现项目的历史环境特征和使用需要。佩纳认为，策划中应避免将格式复杂化，包括太多太细的分类、晦涩难懂的语言等，他赞同康的想法，提倡简化问题，剥离到事物本质，这需要以“系统的分析方法来甄别数量庞大的信息”（Pena, et al., 2012）。因此，在提出策划协同模式信息处理方法之前，有必要探讨一下适合该模式的信息处理工具。

3.1.3 建筑策划协同模式的信息处理工具

在策划过程中需要收集的数据很多，为了有效地将这些数据转化为有用的信息，需要采用各种分析技术工具，这些工具保证了策划过程的科学性与客观性，也使其区别于一般意义上的设计构思。信息处理工具有很多种，这里主要介绍几种适合历史环境新建项目的技术工具。

关系矩阵（Preference matrix）

理解各种功能或价值之间的关系是建筑策划非常基本而且重要的工作。以功能关系图为例，每一个确定的功能被安排在矩阵表的纵向一侧，从每项内容延伸出一条45° 的斜线，形成与其他功能相关联的方格。方格中的内容可以是表明关系本质，如积极关系与消极关系（Hershberger, 2000），也可以进一步地表示两两之间的关联程度，如第二章中提到的优先级矩阵。关系矩阵适合处理策划信息中的复杂关系，例如包含多种功能空间的建筑。这种方法的优点是能够直观地判断相互之间的关系，为功能分区作准备。关系矩阵主要适用于由活动串联的空间关系，而在本书所探讨的历史环境新建项目中，功能的组织不仅取决于相互之间关系，还取决于与室外场地环境的呼应。例如，入口、街道、采光、视线等外部条件均可能对建筑功能的布局和使用者的心理产生影响，这就需要建立两个轴线的坐标。

对于复杂的区域信息，环境研究小组（ERG）的学者沃尔特·莫勒斯基（Walter Moleski）提出带有外部信息的空间关系矩阵来表达。在图表中，功能类型在竖轴排列，外部条件信息在横轴排列。在策划中找出具有关联性的内容，在表格中用符号标注，相关性可分为非常重要、重要、一般相关、无关联、负面关系[①]。莫勒斯基认为空间关系不应简单看作一种运行流线的组织，还需要关注行为活动与物质环境之间的

① 莫勒斯基在西雅图学生中心（University Center of Seattle）的空间组织中采用了这种表格。

关联，他称其为活动场所联系（activity site linkage）（Moleski，2003）。对于建筑策划协同模式来说，关系图表法有助于设计前期的信息收集和表达。关系矩阵分析也可以通过计算机软件来实现，一些策划软件例如 Trelligence Affinity①，可以将信息输入自动转换成空间需求信息表。

空间	入口	街道	校园	服务	自然光	视线	户外	时间
中庭	●		●		●	●		24h
壁炉	●		●		●	◎	◎	24h
复印	◎	●		◎				14h
布告栏	●							14h
学生储藏柜	○	●			×	×		24h
学生信箱	○	●		●				24h
浴室					×	×		24h
学术发展部	◎	●			●	●		8h
中心管理部	○	●			●	●		14h

● = 非常相关　　◎ = 主要相关　　○ = 一般相关　　空白 = 不相关　　× = 负相关

图 3.3　莫勒斯基提出的空间关系矩阵，有助寻找行为活动与物质环境之间的关联
（资料来源：根据 Hershberger.Architectural Programming & Predesign Manager[M]. 1999 自绘）

环境图示（Environmental quality profile）

环境图示是在设计前期对环境质量作出的评价，是一种环境行为学方法，并不是建筑策划的技术方法，但笔者认为对于历史环境新建项目而言，环境质量、特别是环境在心理、社会和文化上的质量是不可缺少的信息。环境图示体现了文化在环境脉络中的影响，学术界在针对现代主义思想的反思中，逐渐形成了这样一个共识，环境应该与人的文化背景相适应，并尽量兼顾其中不同人群的生活（Rapoport，2004）。环境图示包括四项内容：一是属性（nature），选择应该被列入的环境要素；二是等级（rating），即区分相对重要的要素；三是意义（significance），即要素的“绝对重要性”，环境行为学家拉普卜特认为在环境选择时，人们会为了某一方面的需求而放弃最佳因素，如法兰克福的施泰德美术馆（Städel Museum）扩建中，为了保留原有

① Trelligence Affinity 是一款建筑策划软件，该软件功能包括建筑策划和空间分析等，并且与主流 BIM 软件如 Autodesk Revit 兼容，详细内容见本书第 6 章。

历史建筑形态的完整性，整个新建部分被置于地下，这也意味着新的美术馆不能享有周围环境和沿河景观，但从整体上来看，更加有利于地段历史环境的保护；四是偏好（preference），也就是人对环境要素正面或负面的评价。

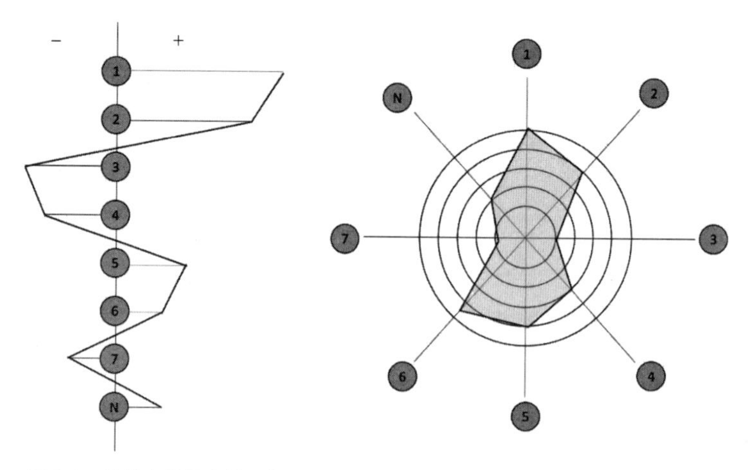

图 3.4　拉普卜特提出的环境质量简图是策划中表述环境信息的一个便捷手段
（资料来源：根据 Rapoport，Culture，Architecture and Design. Nanning：Through Vantage Copyright Agency[M]，2004 自绘）

环境图示的优点是组织与精简了数量庞大的信息，而且中间可以随时插入新的要素。在策划信息收集中，由于人们对环境的评价是主观的，通常以“喜欢或不喜欢”来评价环境，但这种评价无从分析，环境图示把人们对环境质量的感性判断加以转换，提供给策划团队进行理性的分析。环境图示的另一个作用是识别不同群体之间的差异。不同群体对环境要素有不同的看法，拉普卜特在《环境行为研究的三十三份文献》中，详细介绍了群体差异对环境评价的影响（Rapoport，2004）。例如，伦佐·皮亚诺（Renzo Piano）在柏林波茨坦广场（Potsdamer Platz）的战后重建方案中，按照原有的城市格局进行恢复，并请到世界知名的建筑师进行设计，但也有不少居民认为街区并没有体现柏林的传统环境氛围。一位当地建筑师向笔者表示，因为新的商业模式使行人在建筑内部自由穿梭，使街道环境的感受弱化。群体差异是不可避免的，在策划中发现这些差异，有助于有针对性地处理设计问题，思考预期成果所需要采取的手段。

权重分析（Ranking and weighting method）

	建筑形式	视觉效果	活动空间	运营成本	空间效率
A1 建筑形式	1	0.33	0.14	0.20	0.33
A2 视觉效果	3	1	0.20	0.33	1
A3 活动空间	7	5	1	3	5
A4 运营成本	5	3	0.33	1	3
A5 空间效率	3	1	0.20	0.33	1

权重值 A1：0.046　A2：0.102　A3：0.504　A4：0.245　A5：0.102

图 3.5　某项目策划中主要设计影响因素的权重分析
（资料来源：自绘）

权重分析是将统筹学方法引入策划中，建立多种变量间的数学联系，以得出单一变量在总体中所占的权重。这是一种定性和定量相结合的方法，可以在优先级矩阵的基础上将比较因素进一步量化。具体方法如下：第一步，需要尝试建立一系列变量列表并将其按照重要性排序，将最上方的变量赋值为 1，其余的变量以此为标准按照预估的价值赋值，这些数值只是暂定会进行调整。第二步，将列表第一位的变量与任意两个变量之和进行比较并征集意见，得到的结果可能有三种情况：比另两者之和重要 / 不如另两者重要 / 同等重要。根据得到的反馈调整赋值。在首位变量进行一轮比较调整后，再将排在第二位的变量进行同样的调整。最终，可得到每一个因素的权重值（Preiser，1990）。权重分析通过数学工具将策划的信息量化。这种方法的特点是尽量减少了评估中的误差，虽然其中也存在着主观因素的影响，但已经尽量减少。根据普莱策的策划经验，这种方法比较适合不超过十种因素的排序，如果排序方式超过十种以上，不但赋值过程非常复杂（需要进行随机分组），而且过多的比较对象也会给决策人的判断带来干扰。由此得出的权重值有两点作用，一是在信息收集阶段，评估信息收集的重点；二是（也是更重要的）在策划的自评价阶段，需要概念设计进行打分，在第 2 章中曾介绍过佩纳的“四边形法”，每种设计因素默认为相同的权重，但对于特定环境中的设计来说，设计因素带来的影响是不同的，权重分析可以帮助修正策划自评结果。

还有一些常用的策划工具如语义学分析（SD 法）、多因子变量等，都是将调查结果转化为定量分析，为策划决策提供科学的依据。这些方法在下面的策划实践中会有所展示。笔者认为，技术工具的选择一方面取决于信息的种类，另一方面基于简化信息的原则，应该避免过于复杂的数学运算。因为策划既是理性的分析，也是一个创造性的过程，信息处理的主要工作是准确而简洁地陈述问题。

3.2 策划协同模式的信息处理程序及方法

3.2.1 基于问题导向的信息处理方法

在历史环境项目设计前期引入建筑策划协同，一个重要目的是找出明确的设计方向。从上一章介绍的拉尔森楼策划案可以看出，设计方案是从策划构想一步步发展而来的，而这些策划构想是对信息处理阶段的问题作出的回应。因此，发现问题可以扩展设计思路，体现项目在历史环境中的思考。虽然各种不同的策划理论对信息处理有着不同理解，但策划协同模式的信息处理方法还是遵循了佩纳问题搜寻法的思路，即基于问题导向的收集和分析信息。佩纳认为，既然策划是为了说明一个建筑学问题并提出解决问题的相关要求，那么信息的收集目的就是要定义问题。为此，策划师需要为信息建立一定的顺序，以便于人们理解，并在讨论和决策中有效地使用（Pena，et al.，2012）。这一信息处理过程需要通过一个理性的框架进行梳理。在 CRS 的策划案中，经常用一个简单的图示说明这一过程：大量纷乱的箭头经过过滤后变得少而有序。

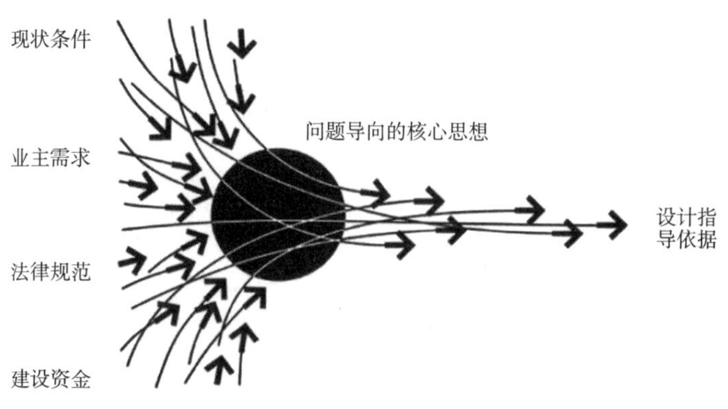

图 3.6 建筑策划信息处理核心原则是问题导向

（资料来源：自绘）

在佩纳给出的通行框架中，信息可以定义为两类：已知的信息（事实）、需要实现的想法（目标），他认为大多数的信息可以被纳入这两类[①]。通过这两类信息的整理可以基本筛选出有用的信息，最终揭示问题的核心并提出策划理念，保证传递到建筑师手中的是精简的信息。对于信息处理的操作步骤，同样来自 CRS 事务所的杜尔克给出了更加清晰的阐释。杜尔克认为收集和分析现有信息是策划的最重要部分，她吸取了佩纳的经验，重新定义信息梳理的框架（下面称为杜尔克法）。在矩阵的横轴上，杜尔克法对建筑的设计因素提出了更具体的表述，这些因素包括安全性、舒适度、私密性、可达性、维护性、象征性等，这些定义还可以根据项目的情况进行扩展（Duerk，1993）。在矩阵的纵轴上，杜尔克法加入了“价值”这一项[②]，价值决定了每一类信息的优先性，进而影响到解决方案的选择。在佩纳法中，信息收集的次序是可变的，而在杜尔克法中，设计目标和需求的确定都是在价值判定之后进行。

问题	私密性	安全性	意象上	维护上	舒适性	可听度	可亲性	其他
事实								
价值								
目标								
需求								
概念								

图 3.7　杜尔克法的贡献在于将佩纳提出的四个因素转化成表达主观感受的因素
（资料来源：自绘）

佩纳和杜尔克的方法给出了广义的信息分类方法，而对于历史环境的策划协同模式，由于设计背景的不同，信息收集的内容也大不相同。相比较而言，佩纳法中“经济”与“时间”的内容更适合商业建筑和教育建筑的策划，这类建筑建设需要对建设周期和预算作出详细计划，以便有序地进行工程组织；而杜尔克法中“私密性”“舒适度”等内容更加适合居住建筑的策划，而且这种语义学的分类方式适合一对一的小范围交流，避免在团队策划中因语义的不同理解而产生歧义。为了使策划方法更加契合本书研究的历史环境新建项目，使策划过程更加高效，需要对信息进行特定的分类。信息的分类过程也是将信息组织成体系的方法，这也符合思维过程中线性描述问题的趋向

① 在佩纳的策划框架中原本还有一类信息是“需求”，佩纳认为这一类与事实和目标有所不同，事实和目标主要是搜集相关信息，而需求是对空间要求和经济因素的一次验算。

② 这里的价值与第 2 章所提到的赫什伯格法中的价值因素是不一样的。杜尔克的价值是用来判断优先性的，是在纵轴上；而赫什伯格的价值因素则是设计因素的一种，其定位相当于在杜尔克法的横轴上。

（Alexander，et al.，1962）。在下一节中，将探讨信息采样和分类思路。

3.2.2 历史环境新建项目的信息采样和分类

在对协同操作模式的信息进行分类之前，首先需要对研究对象按照建设性质进行区分。学者罗伯特·因（Robert Yin）在《案例研究》中提出，对于复杂问题的研究，可以通过实证，在不脱离现实条件的情况下研究现象，由于个案研究方法处理的变量较多，所以需要将多方获取的资料汇合，并提出理论假设，以指导信息收集和资料分析（Yin，2003）。本研究也遵循这一思路。第1章中提到，本研究所指的历史环境新建项目既包括新建项目，也包括对原有项目的更新与改建。相较而言，后者在信息处理方面的限定性较强。本节将对这类项目进行信息采样，探讨策划中需要研究的基本元素。信息采样是指通过案例收集，将其中涉及更新或改建的设计条件、实施因素、环境影响等进行提取，发现与后续设计相关的基本信息。具体而言有三项工作：

● 第一，发现案例样本中的共性元素，对其在设计项目中的影响进行评估。

● 第二，对于其他非共性元素，需要进行进一步的比较分析。一些案例中，功能或场地条件造成细节成分存在差异，但是其特征和解决策略仍具有指向性，这样的元素也需要保留。

● 第三，对于一些过于宽泛的元素，或者是普遍认知的特性，则无需进行大量的信息收集。经过上述工作选取的元素，需要进行一定的组织，而且契合历史环境新建项目的主题。

历史环境新建项目在信息采样中的元素分析 **表3.3**

类型	处理原则	举例
共性元素	比较、抽象	● 尺度特征：大小、高低、宽窄等 ● 改造方向：合并、拆分、扩建、利用结构、临时性搭建等
非共性元素	比较、定向研究	（只举例具有导向性的） ● 动线特征：穿行、缓冲、停留、垂直、多流线并置等 ● 空间导向：下沉、向心、空间收放、序列性等
普遍元素	列举、简化	● 基本原理：空间功能需要、人体尺度、设计规范等 ● 连接：功能联系、入口、疏散要求等

（资料来源：自绘）

以上海中心城区某历史地段为例，该地段多为20世纪30年代建造的花园洋房，二至三层的砖木结构，建筑密度较低。平面狭长，一般进门有前院（或较小的天井），然后依次为客厅、书房及厨房，楼上为卧室和阁楼。由于该地段紧邻城市中心商业区，租金较高，但建筑本身维护状况一般，因此多被一些商业或艺术工作室买下，改造成为零售、餐饮和办公空间。受该地段历史风貌保护的限制，建筑的外观可变动部分不多，因此信息采样工作主要集中在空间和动线特征上。

在空间方面，“弹性可能”是信息中的共性元素之一。弹性主要是针对历史建筑的设计控制而言，具体体现在以下几个方面：一是平面弹性，即支撑结构和维护结构所限定的空间；二是垂直弹性，即层高所限定的空间；三是场地弹性，即天井的限定和室内外连通的限定。在动线方面，主要是从住宅到公共空间的转变，动线上需要适应更多人流的活动需要，并加强不同功能间的过渡与引导。

由于该项目的具体业态尚未确定，在策划中需要考虑到改造的多种可能性，特别是对上述信息收集的元素提出相应的构想。在空间方面，该住宅建筑用地线不可移动，只能在局部进行开口，室内层高较高，可产生夹层空间或高空间。因此，可以考虑在小院内加建尺度适宜的辅助空间；住宅层高较高，可保留部分高尺度空间，也可设计成阁楼空间（loft space），增加使用面积。在动线方面，对于狭长的天井可设置并置式动线；而庭院面积较宽敞时则可以配合多种使用方式形成复杂的长动线，而这些动线进一步与周边的商业活动联系起来，成为城市商业中的分支路线，将客流吸引向原本封闭的地段中。

信息采样是进行策划信息处理的先行工作，找寻信息中的共性元素或具有导向性的非共性元素，虽然这些元素本身并不是项目信息，但可以从中得出一些项目的发展可能，进而初步明确信息处理的方向。这一过程将案例中的碎片信息抽象化，形成有依据的信息处理思路。在上述案例中，提到了历史环境新建项目的若干采样元素，而这些元素所设计的内容都没有脱离场地、空间和运营等方面。为了使协同操作的程序更加清晰，这里将信息按照作用范围定义成三类：场地信息、空间信息和运营信息。

- 场地信息是对新建项目所处历史环境特征和文化背景的描述，以及场地组织对行为活动的影响，也包括建筑形式、景观配置等可能影响到整体环境的因素。

- 空间信息是对使用功能和使用者活动需求的描述，特别是使用者的心理感受对空间需求的影响。

- 运营信息是指建筑运营过程中所涉及的问题，在历史环境项目中主要是指全寿命周期的可持续性以及对新建项目所带来的长期经济和社会影响，运营信息中还包括建筑运行中的非建筑行为，如组织社会活动等。

需要强调的是，这样的划分只是便于策划表述的需要，而实际上这三者之间并没有绝对的分界。下一节将通过实际项目，说明这三种信息的处理内容以及在历史环境新建项目中的作用。

3.2.3 策划操作的信息处理实践：加州大学伯克利分校学生活动中心

以加州大学伯克利分校学生活动中心（CAL Student Community Center）为例，该学生中心位于伯克利校园南侧，紧邻班考夫大街（Bancroft Avenue），由 Moore Ruble Yudell（MRY）建筑事务所设计[①]，2016 年建成。校方希望新的学生中心希望能够激发下斯普罗广场（Lower Sproul）的活力，并成为学校可持续性建筑的范例。新的建筑将与原有的历史环境相契合，并提供现代化的设施，以满足不断增加的学生活动需求。作为学校主要入口与周边社区之间的门户，新的建筑需要体现学校良好的社区形象，以及伯克利传统的多元文化思想。在进行方案设计之前，MRY 事务所首先对该项目进行策划，通过现场调研、访谈、组织策划工作坊等多种形式，分析历史环境设计要点与需求信息，为接下来的设计提供依据（MRY, 2009）。为了清楚地体现信息处理过程，笔者按照上面的分类将其还原成场地、空间、运营三类信息进行分析。

（一）场地信息的收集与分析

在策划中，MRY 需要面对的最主要问题是如何使新的建筑融入伯克利校园环境中。伯克利原有的学生活动中心建于 1968 年，由哈迪逊和德马斯（Hardison and DeMars）建筑事务所设计。与多数学校采用的单体建筑方法不同，原学生中心设计灵感来源于威尼斯的圣马可广场（Piazza San Marco）[②]，设计师希望一组建筑围绕大型的开放式广场，为学生、教职工和参观者创造一个充满活力的空间。

场地信息的收集包括三部分，一是评价现有建筑情况，决定更新策略，以保护文化记忆和最初的设计效果。该地段原有的埃舍勒曼大楼（Eshleman Hall），是一栋 8 层高的、设施陈旧的建筑，而且其巨大的体量和混凝土立面与整个校园风格相悖。策划

---

① MRY 是美国著名建筑师查尔斯·摩尔（Charles Moore）和两位同事约翰·罗博（John Ruble）、巴斯·约德尔（Buzz Yudell）共同建立的，伯克利学生活动中心的策划方案负责人是约德尔，他强调设计中的人文主义价值和社区合作理念。

② 事实上伯克利的标志性建筑萨瑟钟塔（Sather Tower）正是以圣马可钟楼为原型设计的，该钟楼高 93m，建于 1914 年。

团队首先对已建成的项目进行调研，包括处于中心的下斯普罗广场和位于地下层的车库，北侧的查韦斯楼（Chavez Hall），东侧马丁・路德・金楼（MLK Hall），西侧齐勒巴赫楼（Zellerbach Hall），以及南侧被拆除的埃舍勒曼大楼。建筑评价包括以下几点：

● 中心广场已经使用了超过50年，是整个历史环境中的重要考虑因素。广场的修复将保留最初的硬质铺装，作为室外公共集会和辩论的场地。

● 明确哈迪逊和德马斯设计的原有建筑特征，包括查韦斯楼、马丁・路德・金楼和齐勒巴赫楼，这些特征将在更新项目中予以保留。

● 加建和拆除部分将尊重和补充原有设计，实体改变和功能调整将依据策划的可能性分析决定。

● 其他重要的场地特征和公共艺术品，比如艺术家艾米・帕卡德（Emmy Packard）设计的混凝土浮雕墙，罗伯特・霍华德（Robert Howard）设计的条形铁艺雕塑，以及汤姆・哈迪（Tom Hardy）设计的伯克利金熊雕塑，这些都将被保留并整合进新的学生中心里。

图3.8　场地中原有建筑的特色将予以保留
（图片来源：自摄）

场地信息的第二项内容是选择场地设计要素。由于新建建筑不可避免地会对现有的环境带来影响，为了最大程度地延续原有历史特征和文化脉络，需要明确最优先考虑的设计要素。作为历史环境中的学生活动中心重建，场地要素可能有很多，可能是交通、景观、校园肌理、周边建筑形式、曾经发生的历史事件等。策划团队通过分析认为，场地条件中最有价值的要素不是实体形态上的统一，而是最初方案中强调的“活力”[①]。上面提到，高校的学生中心通常是单体建筑，而且被隔离在郁郁葱葱的景观中，以显示其重要性和独立于学校其他机构的特征，即使是当前设计的学生中心，如OMA事务所在伊利诺伊理工学院和SANNA事务所在洛桑理工学院的作品，也是通过完整的形态将所有活动纳入其中。伯克利学生中心不同于这一范式，其被设计成充满活力的城市空间，并连接校园的自然风景和周边社区的生活。现存的建筑保留了历史的材质与环境，体现出20世纪60年代的后现代主义风格。广场仍然是伯克利自由精神的象征，每一次的重大集会和示威活动都是从这里开始（KVP Consulting，LLC，2009）。为了满足这种活力的延续性，策划团队搜寻出与此相关的场地条件并提出设计需求：

- 现有的埃舍勒曼大楼影响校园的历史风貌，已确定拆除，并将被一栋低层建筑取代，新的建筑将有助于增进班考夫大街与中心广场的联系，并提供更多连续性的可用空间，增加功能灵活性。

- 中心广场缺少与红杉树林的联系，其中一个原因是查韦斯楼将餐饮功能改为了办公，隔墙阻挡了光线和景观的渗透。在改造过程中将恢复原有的功能。

- 马丁·路德·金楼将全面翻新，西南两侧将增加新的空间，包括一个宴会厅的户外露台和一个相邻的会议室。外立面将从现有厚重的装饰墙恢复成最初的设计理念，即由一个透明玻璃展厅呈现积极、向公众开放的形象[②]。

- 重新设计的场地使北侧教学区出发的学生可以看到广场和喷泉，吸引学生进入广场。控制新建的部分和翻修的马丁·路德·金楼屋顶尺寸，使更多的正午太阳光能投射进广场。

- 中心广场平台可支持大型货车卸货，允许在广场设置景观和搭建临时建筑物，中心广场地下车库可作为学生活动场地，提供排练、表演、会议、多媒体展示等功能，新增的电梯使与广场层的联系更加便利。

在明确了环境特征和设计需求之后，第三项内容是通过实态调查分析学生在这一区域的日常动线，通过环境设计吸引人群参与活动。学生活动的线路主要有两条，一条是从北侧教学区穿过学生中心通向运动馆（RSF）和地铁站的路线，另一条是从南

① 详见问卷调查 Berkeley Student Union，Lower Sproul Questionnaire. University of California[R]，Berkeley. 2009。

② 关于马丁·路德·金楼的设计策划详见EHDD建筑事务所报告 EHDD. Martin Luther King Jr. Student Union Feasibility Study[R]. 2006.

图 3.9　场地中需要创造新的路径，将南门的人流引向下斯普罗广场
（图片来源：自绘）

侧宿舍区进入学生中心的路线，策划团队针对这两条动线的视线，发现现有场地中有以下问题：

● 西侧和南侧人流穿行的路线中，需要设置更好的步行道、遮阳措施以及零售等服务。

● 在现有的场地中几乎无法看到北侧的红杉树林。恢复与北侧树林和草莓溪的视觉通廊，创造动态的观景面，并将其延伸到中心广场。

● 削减查韦斯楼南侧平台，强化广场西侧入口到运动馆入口的轴线。

● 从南侧进入的人群可以看到充满活力的街道和一系列商业设施如咖啡馆、零售和集市等，通过无障碍通道进入中心广场，可以欣赏到历史建筑和红杉树林，所有的学生活动环绕中心广场四周安排。

图 3.10　伯克利学生活动中心的前广场一直以来是学校集会和表达自由言论的场所，新的设计将强化这一功能
（图片来源：自绘）

场地信息的收集和分析有助于明确设计的外部条件。在建筑策划协同模式中，通过现有场地情况的调研，明确已知的环境要素，发现其中存在的问题；再通过优先级选择最重要的场地要素，围绕这些要素提出设计需求，以达到新建建筑与历史环境的协调。

（二）空间信息的收集与分析

空间信息主要来源于校方提供的基本功能需求，以及通过策划工作坊从学生团体收集的意见。基本功能需求包括为提供学术支持的学习中心；组织各种辅导、学习小组、研讨会和培训；提供学生服务，包括学生职业规划办公室、教科书店和学生画廊；提供自主性活动空间，可以随时根据需要改变功能如排练室或聚会场地；还将包括公众服务功能，包括公交车站和定期的有机农产品集市等。

通过策划工作坊收集空间信息是该策划的一个重要特点，项目负责人约德尔认为，学生是这个建筑的最主要使用者，因此由他们参与策划才能最大地激发场所的活力。工作坊的目标是寻找合适的设计元素创造有吸引力的活动，使学生感到舒适、放松。通过与学生的互动得到直接的反馈，并根据这些意见形成概念方案进行测试，最终得到优选方案（MRY，2009）。

首先，学生被要求将八个主要功能排序，分别是集会、活动支持、娱乐、学生服务、餐饮、零售、研究生中心、多文化中心。按照学生给出的结果，排在前五位的依次是：集会、活动支持、学生服务、研究生中心和多文化中心。另外三项虽然不是学生认为最需要的，但也是不可缺少的功能。接下来，学生被分为两个小组，讨论关于中心广场现状和可能进行的调整，小组也和建筑师协作，使用泡沫塑料块和彩色贴纸在基地模型上讨论建筑布局和环境特征。最后一项也是最重要的工作，搜寻学生喜欢的校园空间信息，这些空间可能应用于新的学生中心。根据第一项排序的结果，策划参与者将根据这些功能共同完成一份“愿望清单（wish list）”，清单的内容包括所需要的空间需求、品质和体验。从策划工作坊中得出了一系列的设计原则：

- 识别性（Identity）：体现伯克利独特的多元文化包容。
- 中心（Center）：以学生为中心的策划和设计，为学生文化交流服务。
- 生态性（Ecology）：应用和可持续设计策略。
- 成长（Growth）：提供灵活的“容器”，以保证发展和变化。
- 可实施性（Implementation）：建立可达成的目标框架，确保策划目标满足预算。
- 协作（Synergy）：活动需求与多功能空间的设计协作。
- 历史（History）：尊重和强调这一地段的历史信息和历史事件。
- 透明（Transparency）：鼓励服务功能的可视性和可达性。

组织工作坊不仅是为了收集使用面积需求，而且使策划团队能够更好地明确需求空间的设计原则，在一定程度上体现了使用者对所处的历史环境信息的理解与感受，由于篇幅有限，本节中主要介绍空间信息的收集方法和获得的设计原则，具体的面积需求不再展开[①]。

（三）运营信息的收集与分析

运营阶段的信息包括项目开发阶段的组织和运营需求。项目的分阶段开发将按照最佳排序进行，以减少施工过程中对场地现有活动的影响。开发共分为三个阶段：

- 第一阶段：拆除埃舍勒曼大楼，用一个符合新抗震要求的建筑代替。在广场

① 详细的空间需求表见 Sproul（Space by Room）. Excel Document with ASF for Each Room within Chavez，MLK，and Eshleman [R]. University of California，Berkeley. 2008.

安装临时性可拆卸的遮阳设施，保证日常活动的进行，在西北侧修建无障碍坡道和台阶，广场的东北角设置电梯。

- 第二阶段：翻修的马丁·路德·金楼，包括新的二层加建和露台。现有中心广场的底板和地下车库将重新建设，并在广场设置更好的永久遮阳结构。西北角设置采用雨水收集系统的花园。
- 第三阶段：查韦斯楼的改建，包括上面提到的细节调整，打通新的轴线。

可持续性是运营信息中的重要内容，为了更好地体现历史环境新建项目的持续设计理念，策划团队通过研讨会等形式，寻找适合新建筑的环保、节能设计策略。包括以下可能的策略：

- 材料：空间的灵活性，减少功能调整产生的花费，尽量采用本地环保材料。
- 水资源：收集广场雨水，将原有暗排入河中的雨水管道接入新设计的花园中。
- 交通：设置有遮蔽的自行车停车场和维修设施，提供公共自行车服务，鼓励环保出行。

（四）小结

从伯克利学生活动中心的案例中可以看出，策划信息的收集对项目的设计起到了关键性的作用。在信息收集的过程中充分发现场地、空间、运营中的需要解决的问题，使得新建建筑能够更好地契合历史氛围，为使用者提供舒适的环境。在信息处理的过程中充分调动业主和使用者的参与性，通过各种技术手段分析问题，得出设计需求，避免由经验得出不正确的结论。从这个案例中可以初步地看出，设计中提出的内外融合的解决方案，以及建筑的可持续性特征，都是从前期策划的场地信息、空间信息和运营信息中发现问题，进而得出策略。佩纳认为，问题搜寻不是漫无目的，而需要在一个明确的框架中进行，这个框架可以被扩展成若干的关键词作为“索引（Index）”，这些关键词能够引发有用的信息（Pena，et al.，2012）。

佩纳所列举的信息索引表 **表 3.4**

设计因素	研究对象	策划索引（部分）
功能	人 活动 关系	·统计数据·面积参数·人员数量预期·用户特点·社区特点·组织结构·潜在损失价值·运动时序·交通分析·行为模式·空间满足·类型/密度·实体限制条件

续表

设计因素	研究对象	策划索引（部分）
形式	场地 环境 质量	・场地分析・土壤分析・容积率和建筑容量・气候分析・法规要求・周围环境・心理暗示・参照物 / 入口
经济	初期预算 运营费用 全寿命费用	・成本参数・最大预算・时间因素・市场分析・能源成本・活动和气候因素・经济数据・能源与环境评价
时间	过去 现在 未来	・重要性・空间参数・活动・预测・持续时间・价格变动因素

（资料来源：根据 Pena & Parshall. Problem Seeking（5th Edition）[M]. 2012 内容改绘）

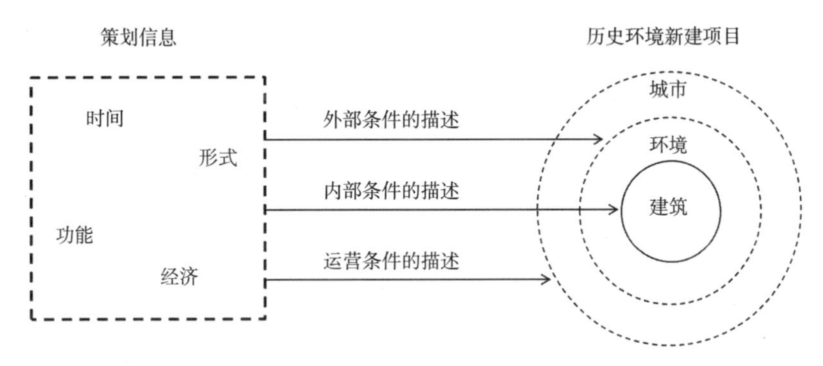

图 3.11　历史环境新建项目的信息索引分类
（资料来源：自绘）

针对特定类型的建筑，如本书讨论的历史环境新建项目，信息索引可以被设计得非常明确，例如在本案例中出现的“场所活力”“视线联系”等，这也有助于快速定位收集的内容。在建筑策划协同模式中可能涉及的信息索引非常多，佩纳的问题搜寻法框架中，一共罗列出了 90 多条索引，并按照功能、形式、经济、时间来划分。但在实际操作过程中，特别是在历史环境项目的前期策划中，笔者发现信息的收集往往集中在形式与功能这两项内容，后两项内容涉及较少，使得策划报告显得篇幅不均，而且一些文化和运营信息在框架中没有合适的分类，这点在 CRS 的一些策划案中可以看出。庄惟敏教授则提出了另一种方法，将信息概括为实体信息和空间信息。这种方法与柯林・罗（Colin Rowe）提出的思考方式相类似，罗将城市建筑解读为“实体与肌理”的关系，其中实体是独立存在于空间中的建筑，是一种需要从内部收集的信息；肌理则是发展建筑形式的空间介质，是一种需要从外部研究的信息（Rowe，et al.，1984）。本研究中将按照庄惟敏法的基本思路，加上项目运营与经济层面的内容，从外部信息、内部信息、运营信息三项内容，探讨对应于历史环境新建项目特点的若干重要索引。

3.3 历史环境新建项目的外部信息索引

外部信息（在策划理论中也被称为场地信息）是对新建项目外部条件的描述。在策划中，外部信息索引包括场地布局、外部流线、环境特征、文化背景等。随着设计理论的发展，场地设计从美学欣赏和感受走向更加多元化的标准，设计方法中也更加强调设计过程的分析，融入其他学科例如环境行为学等研究内容。按照环境行为学理论，场地（更准确地说是场所）在心理感知方面被看作是所在环境动态集中的反映，观察者与场所之间的关系是相互作用的，场所可以影响个人的价值观念和行动，个人的行动也会反过来影响场所的意义（Healey，2010）。爱德华·拉尔夫（Edward Relph）在《场所与非场所》一文中提出了一些表述的原则，他认为有三点相关的要素是人们认知和感受场地氛围的重要途径，分别是实体特征和表现、可观测的活动、场地意义或象征性（Relph，1976），这也是本研究场地策划中几个关键索引。

3.3.1 实体特征和表现

实体特征是外部信息中最直接的收集内容。为了解释实体特征的重要性，首先需要简单回顾一下诺伯格·舒尔茨（Norberg-Schulz）提出的场所识别性观点。舒尔茨认为，“场所”之所以为场所而不是空间，是因为它能够被识别，环境特征是场所的要素，它组成形状、具象的事物以及所存在的氛围（Norberg-Schulz，1980）。与一般项目相比，历史环境新建项目更加需要强调场所的识别性，这也是策划协同模式需要解决的一个问题。识别性的概念难以被定义，学者迈克尔·索思沃思（Michael Southworth）给出了一种观点，他认为场所的品质是独特的，而且是根植于所在环境的。一个真实的场所是由个人或集体在很长的一段时间里，通过非自觉的和非刻意性的工作完成的，最终的结果使场所适合文脉并体现了创造者的意愿。因此，场所的识别性是在特定环境、特定人群中产生的（Southworth，et al.，2010）。

场所识别性体现了个体对场地的感知和印象，在策划活动中，需要明晰这种感知并表达出来。那么应该如何表述这些环境特征？实体特征是识别性最直观的体现，如街区的布局特征或场地对空间的界定。历史地段的场地形态是长期以来对城市物质空间进行优化选择的结果。场地形态包含着秩序，这使得人们可以从中得到本能的认知（Rossi, 1984）。这也是许多历史环境新建项目需要恢复场地形态的原因，例如德国埃尔福特修道院图书馆项目（Bibliothek im Erfurter Augustiner Kloster）①，原有的图书馆在“二战”期间被炸毁，新的图书馆在原址的基础上重建。虽然建筑材料、立面处理等方面采用了现代建筑手法，但设计师希望“修复和补充原有的历史”，新建建筑结合了保留下来围墙和拱门，重新恢复了修道院的格局，高耸的尖顶和玻璃廊桥很好地体现了原有宗教建筑的仪式感和艺术性。

如果从城市层面来看，场地形态的修复则显示为城市空间的重塑。笔者曾在纽约当代艺术中心参观一个名为“194X-9·11”的展览，该展览从 19 世纪 90 年代讲起，当时的先锋建筑师们（architectural avant-garde）致力于以促进经济和政治的现代化进程为目的进行城市空间重塑。第二次世界大战造成的破坏，正好给这样的重塑理念带来了巨大的推动力，甚至在北美这个几乎没有被战争破坏的地方，这种推动力仍然非常明显。于是在 1943 年，当战争还在如火如荼地进行时，《建筑论坛》（*Architectural Forum*）杂志，就开始邀请建筑师畅想战后美国城市的未来，这就是 194X 的来源。1945 年，当战争结束以后，这些对于未来城市的畅想被一些先锋建筑师，如在芝加哥的密斯·凡·德·罗和在费城的路易斯·康，以及新的联邦政策迅速推进。联邦更新计划主要是借助于“土地征用权”（即政府有权征用私人土地作为公共用地）的手段清理出大量的市中心用地来进行重新规划。而这一新规划的结果通常是巨型街区、市政文化中心环绕架起的广场、绿地中的住宅集合体。这些策略挑战了原有的城市网格和城市尺度。而且在很多情况下，追求更大的开放空间破坏了城市历史环境的原有格局和空间形象，也导致了住宅、办公、商业的功能隔离。

对于这种策略的批评早在 20 世纪 60 年代就出现了，建筑师们为城市与生俱来的那种偶然的、有时甚至是非理性的功能混合（mixture of functions）的丧失而悲痛不已。而 9·11 事件中，20 世纪 60 和 70 年代的经典城市更新项目世贸中心双子塔成了被

① 埃尔福特图书馆新馆由容克和海希事务所（Junk & Reich Architekten）设计，建成于 2012 年，该项目获得 2012 年德国图林根建筑设计国家奖。

图 3.12　埃尔福特修道院图书馆新建项目重新修复了场地形态
（资料来源：根据 Junk & Reich Architekten 项目自绘）

攻击的目标，这一事件更加催化了这一争论，一些当年没有建造的方案同样开始受到关注。从该展览所展出的项目可以看出，不同建筑师对于城市形态和城市生活的争论非常激烈。以大都会事务所（OMA）设计的罗斯福岛再开发项目为例，这一项目由雷姆·库哈斯（Rem Koolhaas）和埃利亚·增西利斯（Elia Zenghelis）主持，竞赛工作在 1975 到 1976 年完成。对罗斯福岛的再开发运动是在 60 年代中期兴起的，在此之前，罗斯福岛上只有医院和监狱。OMA 参与的是 1974 年罗斯福岛北端的一个竞赛，其策略是“以附近的曼哈顿岛为参照来进行元素、概念和类型的选择”。这个策略和早先建筑师的方案都不一样，因为早期的方案都忽略了这个岛自身的文脉。OMA 的设计把曼哈顿的城市网格（从 72 街到 75 街）延伸到罗斯福岛上。曼哈顿第 72 街是一条大马路，两边都是商铺和饭店。于是，在罗斯福岛上，一排排名为“赤褐色砂石”的联排房屋被造了起来（“赤褐色砂石”是纽约传统的城市住房，一直是用当地材料建造的），这些房屋采用了各种材料：玻璃、石材、塑料、大理石和铝。在房屋周围造了一些高层建筑，以达到视线的最大化，这些多样性外形和体量的建筑将纽约的城市形象延伸到岛上，也希望由此延伸纽约的生活。从这一项目中可以看出城市形态的修复策略，而城市空间也是策划中场地信息收集的一项重要内容。

3.3.2　可观测的活动

外部信息收集中的另一项内容是观测现有环境中的日常活动。丹麦建筑师扬·盖尔（Jan Gehl）曾说过“生活发生在脚下”，他非常敏锐地关注着日常生活中人们的活动，特别是人与人、人与环境间的相互联系。他认为虽然当今汽车、电脑、互联网的普遍应用使面对面的交往大大减少，但人们还是有很多必要的活动会选择在公共空间进行。如果所处的环境很差，人们会选择尽快地通过或离开；如果环境很吸引人，人们会驻足停留，并可能投入新的活动，盖尔称其为“随意性活动（optional activities）”。比如在伯克利的校园，人们会选择夏日乘凉或冬天晒太阳，喝一杯咖啡或欣赏喷泉里的雕塑等。这种随意性活动越多，越有可能调动起人们社交的情绪，例如偶然的会面或与陌生人的交谈（Gehl，1987）。

历史环境的一个重要魅力在于其传统的街道和广场等，这些尺度亲切的空间有助于创造社交的可能，这也是历史环境新建项目需要学习和延续的内容。这些传统空间包括许多不同的模式，例如德国柏林的哈克舍庭院（die Hackesche Höfe）所采用的穿过式空间或中心围合式空间。盖尔曾通过路径图记录了人们如何在意大利皮切诺的广场上活动，从图上可以看出在炎热的南部人们更习惯于在四周建筑的外廊下活动而不是在广场中心，因此新的建筑也应注意外廊空间的延续。当然，这种延续不是墨守成规，雷姆·库哈斯（Rem Koolhaas）在《S，M，L，XL》一书中写道，当今的场所营造不应只复制相似的历史模式语言，而在于新的空间应该保证人们的活动需求（Koolhaas，et al.，1995）。因此，对于建筑策划协同模式而言，在策划阶段就需要搜寻场地中的活动，并为其创造更好的社交空间，这也有助于带动街区的活力。

3.3.3　场地意义和象征性

除了上述实体和活动外，场地所蕴含的意义或象征性也是历史环境项目中重要的外部信息。一直以来，对策划信息收集的理解偏重于可观测的信息，随着环境行为学研究的加入，也开始重视感知方面的内容，这其中重要的一点是对于场地意义的理解。

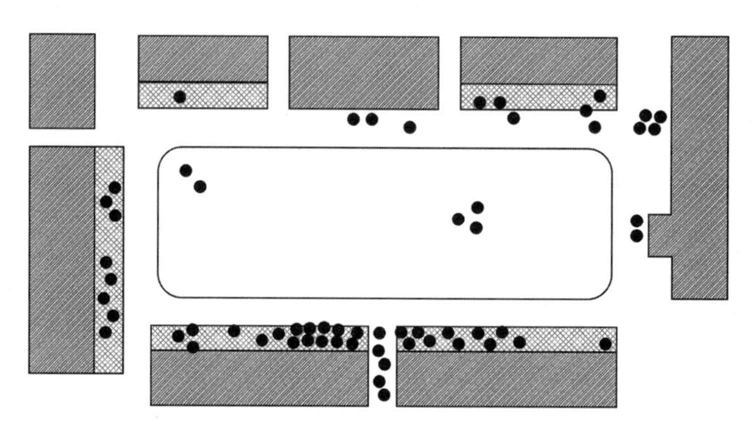

图 3.13 盖尔记录了人们如何在意大利皮切诺的广场上活动，路径图是场地策划信息收集的工具
（资料来源：根据 Gehl，Jan. Life between Buildings[M]. New York : Van Nostrand. 1987 自绘）

如何在历史环境的设计中表现这一点，设计师与使用者的理解是不同的。拉普卜特认为，造成这种现象的原因是设计师与使用者的理解途径不同，设计师希望通过直观的感知表达场地环境，而使用者习惯通过联想的方式理解场地环境（Rapoport，1982）。设计项目是建筑师与参观者一个共同对话的平台，设计师需要用参观者能够理解的语言传递设计中蕴含的意义。如纪念性空间，作为一类特殊的建筑（或景观）类型，设计师需要通过场地设计来表达标志性的事件或赞扬崇高的精神。在古典主义时代，对场地的塑造主要通过严谨的几何关系和超尺度的构筑物来实现。随着人本主义理念的深入，纪念性场地也逐渐摆脱了形式的约束，设计师更加注重与参观和使用者在精神层面上的共鸣。

以 9・11 事件 93 号航班国家纪念园（Flight 93 National Memorial）为例[①]，与另几处 9・11 纪念园不同，这里除了哀思，更加强调勇气和力量。纪念园没有整齐的柱列，仅对场地中路径做了简洁的几何化处理。植物成为象征意义的载体，为表达对机上乘客的无畏精神致敬，设计师在遗址周围种上了茂密的枫树。在秋天，能够看到火红的枫叶飘落在黑色石墙周围，形成了一道独特而美丽的风景，让前来凭吊的遇难者家属和公众感受到重生的希望（Qu，et al.，2010）。地面上由于事件造成的大坑中，长满了新生的植物[②]。时任美国副总统乔・拜登（Joe Biden）在一次纪念活动中表示：

① 93 号航班纪念园由保罗・莫多克事务所（Paul Murdoch Architects）设计，位于美国宾夕法尼亚州，纪念园选址于 9・11 事件中美联航 93 号航班坠毁的地方。经后续调查，事发时机上乘客的奋勇抵抗，使恐怖分子未能袭击预定目标。

② 设计理念详见该事务所网站 http://www.paulmurdocharchitects.com/

“站在这片神圣的土地上，看着脚下长出的鲜花，它们见证了那些乘客的英勇与牺牲精神。”从 93 号航班国家纪念园可以看出，在设计中，给予人共鸣的并不一定是构筑的实体，有时意义的传达更加能触动人心。因此在策划阶段，需要明确场地需要体现的意义，并寻找合适的媒介和叙述方式，以便使用者能更好地理解建筑所要传达的精神层面的内容。

3.4　历史环境新建项目的内部信息索引

内部信息的收集与外部信息不同，外部信息是从整体建成环境以及项目对城市和公众影响的方面着手，而内部信息更多地与使用者的需求相关。切丽认为，在策划过程中，客户首先会对项目有一个预定的需求，这个需求可能比较简略，比如“在高校里建立一座学生中心”或“在老城区增加一座图书馆”等。但策划中的任务陈述（mission statement）不应仅限于此。许多类型的学生中心都有可能适合高校的场地，老城区中的图书馆可能有多种功能，这些问题都需要进一步地细化。建筑策划协同模式中的内部信息处理，就是要将设计目标从一个宽泛的领域缩小到适合项目的个体环境上，提出具有独特性的策划陈述，进而确定设计工作的方向（Cherry，1999）。对于历史环境的新建项目而言，以下几点外部信息索引有助于更加准确地定位需求。

3.4.1　功能需求

一座成功的建筑必须能够容纳所需要的活动。对于一些处于历史文脉中的公共项目而言，功能性并不一定是最重要的问题，美学因素、场地环境、意义等问题可能比它重要得多。但功能需求是一个最基本的出发点。阿尔托在美国麻省理工学院完成的贝克学生公寓（MIT Baker House）被认为是一个成功的策划和设计案例。作为学生公寓，功能性影响着形式的各个方面。该建筑位于查尔斯河北岸，阿尔托充分了解学生希望享有美丽景色的想法，为了保证有足够的房间，并让每一间宿舍都能最大程度地欣赏查尔斯河和波士顿市区的景色，阿尔托采用了波浪形的平面，他称其为“温柔的巨大多边形”。在靠近校园的一侧，他安排了所有的公共服务用房，与沿河面的曲线处理不同，这一侧的建筑采用了直角的平面，与校园大多数老建筑相呼应，两条通长的直跑楼梯从门厅通往每一层宿舍。

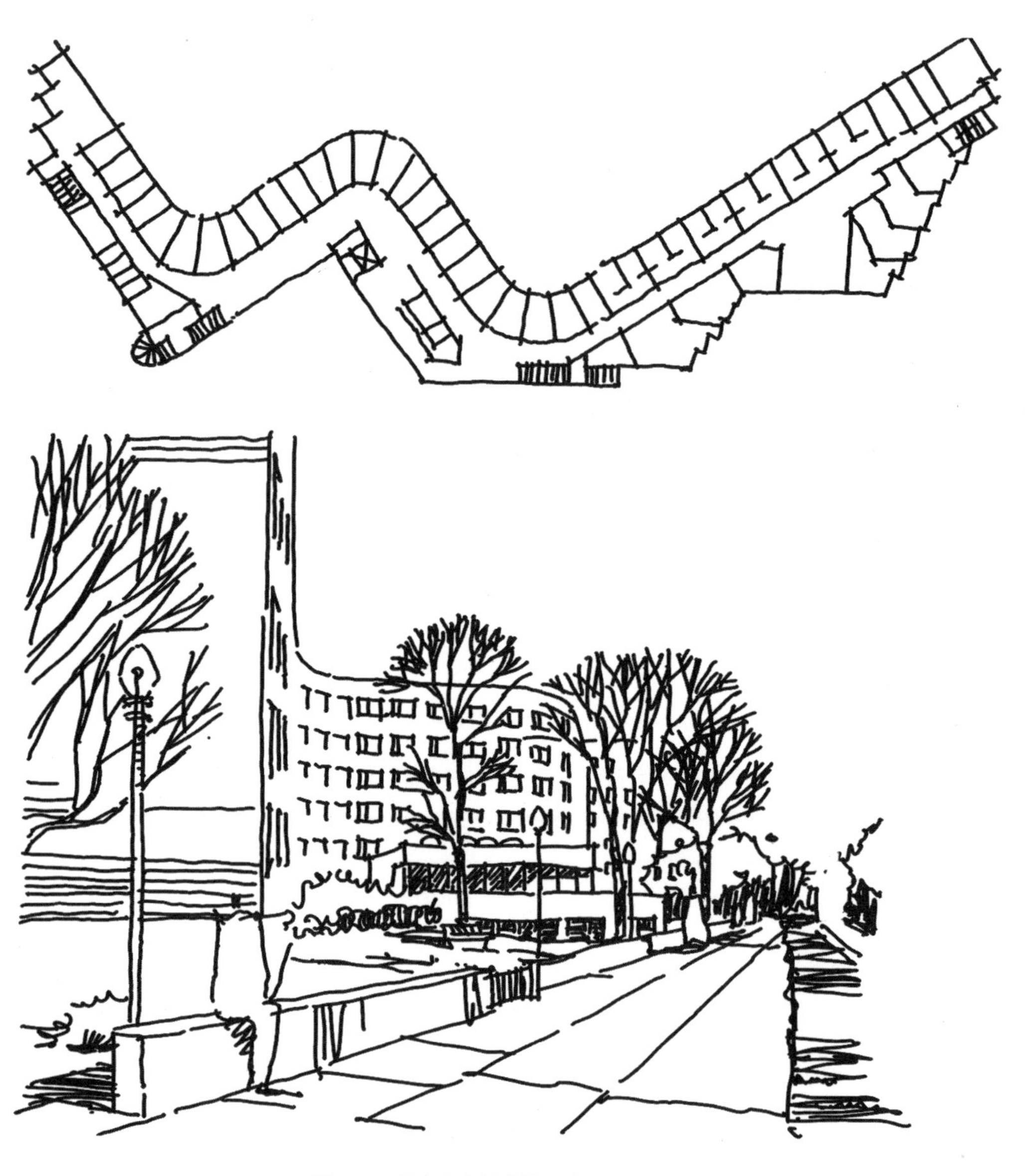

图 3.14　贝克公寓的曲线形式及平面示意图
（图片来源：自绘）

赫什伯格认为，贝克公寓的成功之处在于很好地将建筑的外部形式与使用功能结合起来。从项目的前期策划来看，阿尔托仔细考虑了学生的生活和建筑的相互关系，甚至室内的家具布置都是与功能需求相联系的。贝克公寓每一层有 43 间宿舍，由于建筑形态的变化，一共有 22 种不同的房型。阿尔托为每一种房型都设计了独特的家具布置方式。材料的选择也与功能划分有关，深红色的砖墙和模块化的窗户形成动感的曲线，公共休息室则采用细长的白色圆柱支撑起屋顶，楼梯与屋顶的木质贴面呼应了窗外的树木（Fleig，1963）。阿尔托在贝克公寓前期策划中对功能需求的研究，才形成了独一无二形式的建筑。因此需要在信息处理阶段收集这些功能需求，标示出功能特征和组织方式，并在策划构想阶段提出实现它们所要利用的途径。

3.4.2 建筑尺度

尺度是建筑设计中的最基本要素之一，对于历史环境中的项目而言，建筑尺度研究有更大的意义。在 SOM 事务所的城市设计中，“兼容性（compatibility）”是处理新建项目与历史环境关系的一项重要原则。一座建筑的体积过于臃肿，将会压制甚至破坏周围建筑的尺度，这时可以通过对建筑高度和街道退进的调整，增加其独特性和兼容性，避免相似尺度建筑造成重复的体量感和单调的场所体验，也使天际线产生更多变化（Kriken，2010）。依据 SOM 的设计经验，新建项目与周边环境中建筑的平均高度比值应在一定的范围内，一般为在 1.5~2 之间，如果高于这一范围且没有建筑组团布置，该建筑容易在环境中不协调。当然，建筑尺度的确定有赖于较为主观的判断，不一定高的建筑一定不适宜历史环境，在该事务所参与的伦敦大象与城堡区（The Elephant and Castle）城市更新中，展示了如何在保持城市历史街道格局和尺度的前提下，实现高容积率与低容积率的混合开发。

另一方面，建筑尺度直接影响着人们对环境的识别性。在笔者与寇耿教授的交流中，他认为虽然地段内高大的建筑占据主导地位，但小尺度建筑比大建筑更加容易被识别，并形成地段的意象。这是因为人们在步行过程中可以直接地观察到小建筑的全貌。这一理念也反映在他的城市设计方案中。例如在佛山岭南天地（Foshan Valley）的项目（在第 6 章中将对此项目进行详细分析），保留了原有位于中心的历史建筑格局，形成以生活和休闲空间为主的“中央谷地”，而外围建筑逐渐增高，高密度塔楼作为“山峰”环绕着中心区域。外围建筑的高度由步行路径（path）上的视线控制，保留历史建筑的天际线，保证了原有历史环境独特的识别性[①]。因此，为了使新建项目中更好地融入历史环境，建筑尺度方面的信息收集是不可缺少的。

① 详见 SOM Archives. Foshan Valley [R]. 2007. 项目负责人 John Kriken，Ailing Lou。

3.4.3 心理需求

心理需求是上述信息索引中的形式、功能等需求中非客观性的内容。在佩纳提出的建筑策划框架中，需求主要是根据事实信息和数据得出的，大体上包括了四个内容：区域功能要求、开发成本与效率、建设全周期预算、时间安排（Pena，et al.，2012）。这些需求对应着建筑设计的功能、形式和经济等客观问题。在CRS早期的建筑策划中，心理需求并没有作为一个独立的信息索引被提出来（与之最接近的索引是形式对人的"心理暗示"）。实际上，佩纳在"建筑策划的十二条悖论（twelve antinomies）[①]"中提到，虽然策划需要清晰、理性地说明问题，但不意味着对社会条件和主观需求无动于衷。对于历史环境的新建项目而言，如果忽视了使用者和参观者的心理需求，那么建筑只是模仿历史的空壳。例如，国内一些仿古商业街并不被公众所认可，因为它们不能满足游客的心理期待，缺少开合有序的空间，丰富的建筑形式，体现传统与历史的细部装饰等。

在建筑策划中，涉及心理需求和社会行为的研究也逐渐增多，特别是从环境行为学角度，研究使用者如何感知环境并从中激发相应的活动。这其中，EDRA的学者提供了许多研究成果和实例。例如学者兰德尔·阿特拉斯（Randall Atlas）曾为普莱策的书撰写了"建筑安全设施策划"一章（Preiser，1993），重点研究用户安全需求与保障。保罗·贝尔（Paul Bell）等学者编写的《环境心理学》，研究了生活、学习、工作等各种行为对环境的需求，提出了具有可参考性的环境策划和设计（Bell，et al.，2001）。也有一些历史环境相关的研究，例如明尼苏达大学的琳达·戴（Linda Day）在EDRA会议发表文章《重新利用老建筑立面进行场所营造》，她通过记录受访者对不同形式立面的感受，并由受访者选择立面上的开窗、年代、线角等，总结得出在建筑立面的设计中，贴近公众的心理感受要比刻意仿古的形式更加重要（Day，1990）。由此可以看出，心理需求是重要的设计输入条件，但是其很难直接转述成设计策略，这也是本研究引入策划协同模式的原因之一，希望通过策划研究的方法与经验，更好地获取与设计相关的主观性信息。

---

① 建筑策划的十二条悖论是佩纳在问题搜寻法中提出的解决策划问题的十二条思路，包括问题—答案，分析—综合，逻辑—直觉，精简—启发，抽象—具体，前馈—反馈，客观—主观，艺术—科学，全面—片面，宏观—微观，扩展—精简，复杂—简单。佩纳通过这种对比的方式解释建筑策划思路。

3.5　历史环境新建项目的运营信息索引

运营信息包括项目的资金、建造、运营、维护以及能源等方面的内容，这些经常被设计师所忽略。多数建筑师都将意义与艺术性看作建筑的基本因素，并以此来发展他们的设计。而对于业主来说，建设资金和项目前景才是他们最关注的内容。这些因素有时是决定性的，可能会造成设计过程中的频繁修改，甚至是重新设计的问题。建筑策划学者也对运营信息的重要性进行阐述。考迪尔曾说：“建筑的第一考虑是美学，或者说建筑是门艺术，但另一方面，建筑也是门生意。”他认为成功的建筑应该成功地使功能、形式、经济和时间达到平衡（Caudill, et al., 1984）。庄惟敏教授则用类比法说明，他认为建筑策划之于建筑，就像城市规划之于城市，“建筑策划提出的要求指导建筑设计，就像城市规划指导城市的发展与运作。”（庄惟敏，2000）因此对于建筑策划来说，需要更加全面地提出问题和解决方案。对于历史环境中的新建项目，特别是文化类项目，承担着吸引游客和资金、带动周边地段发展的任务，因此其自身的触媒效应是一个重要的因素。同时，关注建筑的运营信息有助于在设计中减少建筑全寿命周期的花费，避免一些在很短时间推倒重建的“短命建筑”，节约宝贵的土地资源、材料和能源，这也是建筑可持续性的体现。

3.5.1　城市触媒效应

在诸多涉及历史环境城市更新的理论中，城市触媒理论得到越来越多的关注。触媒效应是美国学者韦恩・奥图（Wayne Attoe）和唐・洛干（Donn Logan）提出的，为思考城市问题提供了一种独特的观察视角。两位学者认为，城市的发展可以看作是一个化学反应过程，在城市更新中，有时需要一种元素，可激起“一系列有限的但是可及的远景目标”，这种要素可以是一种建筑实体，也可以是城市重大活动或建设思潮（Attoe, et al., 1992）。触媒理论的特点在于，它强调针对城市发展的过程，而不是对城市发展的结果进行设计，这也与巴奈特所倡导的城市设计思路相一致。国内的历史地段经历了一段时期大拆大建的更新模式之后，政府和开发商对这种模式的弊端有了深入的认知，同时也在寻求改变。例如，北京市计划将中轴线的历史形象进行恢复，以推动中心区的文化建设，未来这一轴线上的项目主要以文化设施和相关的商业为主，而且这一区域内将不再规划大型新建项目。从中可以看出，历史环境的更新将不再是一次性工程，而是变成一个长期的过程。也正因为如此，相对于原先依靠大型项目或基础设施建设带动历史环境发展而言，选择一种能够保证更新长期进行的触媒就变得更加重要。实现触媒效应的关键在于从现状中寻找契机。

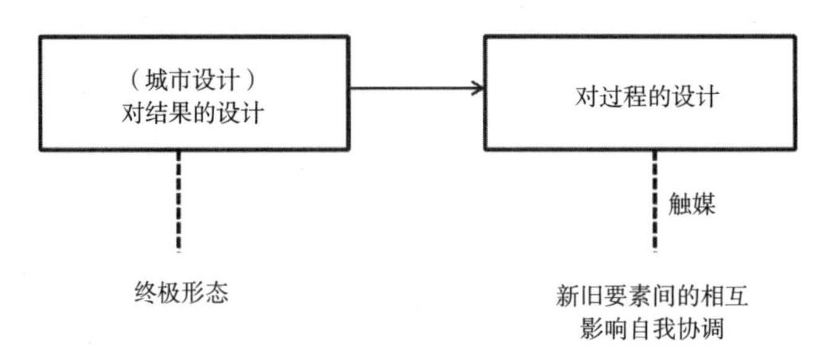

图 3.15　潜在的触媒效应是历史环境新建项目的一项重要运营信息
（图片来源：自绘）

例如前面提到的柏林哈克舍庭院。该地段在战后很长一段时间处于萧条而混乱的状态，两德统一后作为历史街区进行再开发，重建方案发现了这一地段独特的魅力：多元混居、手工业传统和交通优势，并首先以哈克舍庭院作为整个计划的起点，恢复原有的建筑和庭院式布局，并鼓励文化产业的引入。哈克舍庭院以其独特的建筑艺术特色和特色小店吸引了众多游客的参观。在地段开发中，该建筑利用其传统穿廊式的内院结构，形成了一条以手工制品和创意产业为品牌的商业走廊，在老城区不规则的街道路网中形成一条捷径，引导人流和商业向原本不太发达的地区发展，一些背街的小路也逐渐热闹起来（Qu，et al.，2013），哈克舍庭院也成为通过人流组织促进地段开发的成功案例。因此，在建筑策划中需要明确这些要素，在信息收集过程中，寻找现有设计条件中可以利用的内容，将这些条件转化成可以产生触媒效应的设计策略。

3.5.2　可持续性原则

在寇耿教授撰写的《城市营造：21 世纪城市设计的九项原则》一书中，强调最多的一条原则就是可持续性。他认为，城市衰败和郊区化蔓延会限制人们对宜居空间的选择，任何一种轻率的开发项目非但不能加强所谓“城市中心区”的丰富性，反而可能起到消极作用。因此，城市建设者们需要一套全局性原则，思考城市中适宜人居环

图 3.16　哈克舍庭院的艺术和创意产业激发了周边地区的发展
（图片来源：自摄）

境这一基本问题；同时，建筑师也需要对城市环境和自然资源的保护和利用作出回应，使设计真正从创造宜居、可持续性场所的角度来思考城市发展（Kriken，2010）。与城市设计者的工作类似，在建筑设计中也需要强调可持续性原则，以应对日益严峻的环境和能源问题。对于建筑策划协同模式而言，这种要求主要体现在两个方面。

历史环境新建项目组成部分影响性质的内容　　**表 3.5**

组成部分影响性质所涉及的内容			
环境资源	土地 / 空气 / 水	消耗	● 能源、休闲 / 开放空地、供水
		污染	● 空气质量、水质
	建构筑物	干扰	● 交通、垃圾处理、视觉秩序、噪声
		不足	● 住房、社区设施
人力资源	人	断裂	● 邻里关系、工作、教育
		威胁	● 社会秩序、犯罪、健康

历史环境新建项目不仅是形式和功能的问题。从可持续性的角度看，项目涉及对环境资源和人力资源的影响，这些设计的内容需要在前期策划中进行充分收集和评估。
（资料来源：根据寇耿教授与笔者的讨论整理）

从狭义上来说，可持续性体现在建筑建造和使用过程中节约资源和能耗，如建筑策划中建筑物形式、材料的选择，以及照明与节能设备的选择等，在佩纳与 CRS 其他策划学者的研究中，这一部分内容是与建筑全寿命周期费用一起考虑的，在“经济”分项中有详细的分析。例如在第 2 章中提到的布拉索斯河畔州立历史公园策划案中，策划团队为整个区域的建造与环境整治列出了详细的计划，特别是在原有废水区

（wastewater）通过重新组织排水管道和种植净水植物，使这一地区作为新建游客中心的景观，并对此产生的费用进行估算。在这份详细的估算表中，策划团队将信息分为三类：第一类是“基本估算（base estimate）”，主要是景观恢复和新建建筑费用；第二类是“优先附加项（priority additions）”，即体现项目可持续性原则的措施，如恢复湿地生态系统和动物栖息场所等需要的费用；第三类是“后续费用（defer）”，主要指完善植被和树木等景观效果的费用[①]。从中可以看出，策划阶段中可以搜集有关可持续性设计的信息，并将其作为项目的附加因素供业主选择。

从广义上来说，可持续性设计是对土地、资源等高效利用，特别是避免建筑由于不合理的规划或功能定位，在短时间内被迫重建。这种情况在我国的现阶段的城市发展中时有发生。据住房与城乡建设部统计，中国每年完工建筑使用水泥和钢材量占全球总消耗量的40%，但建筑平均寿命不到30年。相比之下，美国的建筑平均统计寿命是我国的2.6倍，英国、法国等欧洲国家则能达到3倍以上，我国的建筑寿命过短成为不容忽视的问题。

在城市的历史地段中，一些短寿命的项目往往是两个原因造成的。一是在设计前没有对项目的功能准确定位，特别是一些商业项目，由于业态分布不合理或建筑设计本身缺乏吸引力，造成项目大量空置；另一种是设计没有遵守限高或者保护规划的要求，加上审批不严格，造成了对历史风貌的破坏。例如土耳其法院在2014年裁决拆除伊斯坦布尔的三栋高层住宅楼，以消除这些建筑对苏莱曼清真寺的天际线的影响[②]。因此在建造之前，需要充分研究场地条件以及经济、功能等因素，即进行建筑策划工作。在历史环境新建项目中引入建筑策划协同模式，有助于体现项目可持续性原则。

3.6 实践案例一：西安北院门民风小院策划的信息处理

3.6.1 项目概况

民风小院（雅集苑）项目位于西安北院门历史文化街区，这一地区保存着众多的

① 详见 CRS Center Archives. Washington on the Brazos State Historic Park Master Plan[R]. Ref: 1000.0010

② 伊斯坦布尔（Istanbul）是历史上东罗马帝国和奥斯曼帝国首都，其历史城区于1985年被列入世界遗产名录，土耳其政府希望通过这样的强力措施保证文化遗产的完整性。2009年，德国德累斯顿（Dresden）曾因在易北河上修建了一座钢铁大桥而被世界遗产名录除名。

历史古迹和传统民居，其中钟楼、鼓楼和化觉巷清真大寺是国家重点文物保护单位，还有明代民居高家大院。同时这一地区也体现出城市长期发展过程中形成的多元文化融合，街区内有各种宗教特色建筑，包括数座伊斯兰清真寺、道教都城隍庙和天主教堂等，有着深厚的文化底蕴。北院门地区作为城中“回坊（回族聚居区）”的一部分，以及城市传统的商业街区，以特色饮食和传统手工艺闻名，是西安古城内重要的文化街区之一。北院门民风小院项目位于北院门街道北段，原址为两进院的传统住宅，正房已经倒塌，业主希望将其改造成一栋具有民风特色的小院，并增添现代化设施，未来将作为国际青年旅舍（Youth Hotel），提供餐饮和住宿。由于项目选址位于历史环境的核心地段，而且该项目占地面积仅 800m^2，因此如何将历史文化特点体现在项目中，以及确定合理的功能需求是策划中需要解决的问题，本节将主要说明策划中的信息处理环节所做的工作[①]。

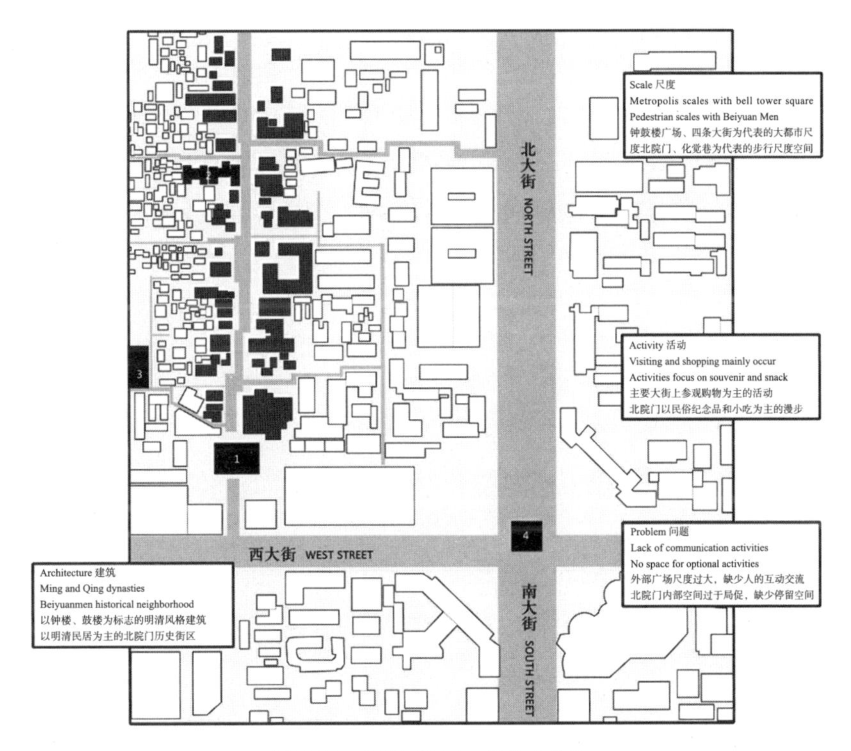

图 3.17　北院门地区场地现状分析

（图片来源：自绘）

---

① 详见：屈培青，宋思蜀，屈张．西安北院门民风小院：北院门历史街区改造案例策划及建筑设计．2009。该项目曾获得中国建筑学会 2009 年全国人居经典建筑规划设计方案竞赛建筑金奖。

3.6.2 信息处理环节

外部信息

首先，作为历史环境中的新建项目，需要考虑到原有的城市肌理。作为小规模的更新项目，策划中希望能够延续原有的肌理，并补充缺失的部分。首先是尺度上的过渡，钟鼓楼广场、东西南北四条大街代表大的都市尺度，而穿过鼓楼后则是以北院门、化觉巷为代表的步行尺度空间，因此在空间的收放和街道的界面上需要进行研究。策划团队首先寻找场地活动中存在的两个问题：一是外部广场过大，缺少人的互动交流；二是街道空间过于局促，两侧建筑均沿街开店，缺少停留空间。在策划书中建议新建项目通过场地形成能够让人停留的空间，或将游客引入建筑内院，创造较为亲切的交流空间。

在建筑形式上，这一地区是以钟楼、鼓楼为标志性建筑，以明清民居为主的历史街区，虽然是回坊，但建筑形式仍以陕西关中传统民居形式为主。关中民居以合院形式为主，采用硬山单坡屋面，产生向内院的汇聚感。在本项目中，也采用两进院式的布局，其中靠近北院门街道的一侧作为入口和进厅，两翼的厢房作为对外的商业功能，第二进院为青年旅舍内部的活动空间，其中正房进深适当加大，作为客栈。由于项目占地面积较小，策划中提出借鉴传统民居的空间处理手法，用照壁和景观对空间进行限定，产生从封闭到开放的空间感受。

内部信息

民风小院项目的业主希望该项目包括住宿、餐饮（主要是对住店旅客）、传统手工艺品售卖等功能。在流线上，项目遵照前店后宅的布局模式，游客进入第一进院的庭院，环绕的倒座和厢房作为商店，两进院中间的房间作为餐厅，第二进院的正房为客栈，由于功能需要第二进院的厢房取消，形成一个南北向的小院，作为住客休息和交流的庭院。在空间上，策划团队通过问卷形式对青年旅舍的使用功能进行调查。结果显示，在旅行中有意向选择青年旅舍的主要人群为学生、外籍游客、自助游游客（35岁以下年龄段）等。而对于选择青年旅舍的原因，除了交通便利和价格适中这两点因素外，有 81% 的受访者表示可以与来自不同地方的人进行文化交流，还有 74% 的人希望青年旅舍能够体现当地传统建筑和文化特色。因此本项目中，交流空间是功能的核心。策划中提出设计出室内活动室，还需要设计一个尺度适宜且为中式风格的庭院。策划团队借鉴唐代诗人王维在《竹里馆》[①]中的描写，在庭院中通过竹木进行划分和掩蔽，使不大的空间体现多层次的景观，创造与自然环境结合的交流空间。

新建项目建议采用可持续建筑材料。在表皮处理上，为了呼应传统建筑的颜色和近人尺度的质感，同时也体现新建项目的差异性，避免单纯的仿古，策划建议有几种材料和细部的表达方式：一是用新材料表达传统建筑的肌理；二是传统细部表现；三是新材料的应用；四是用传统材料表达新建筑的形态。在本项目后续的方案设计中，采用的是前两种处理方法，即用老房子上拆下的青砖做表皮，通过砌筑方式的变化形成通透或封闭的效果，也使用青砖雕刻成传统建筑装饰。在废弃的老房子中，还存有一些木制的窗框和楹联，这些都将重新安放在新建筑上。

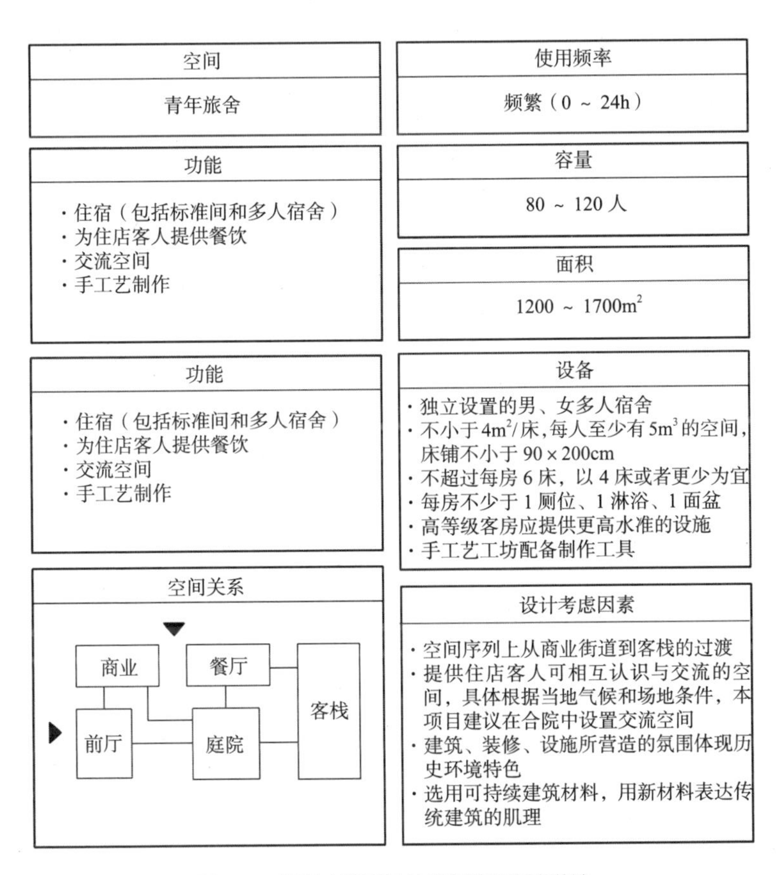

图 3.18　民风小院项目的策划信息图表节选

（图片来源：自绘）

① 竹里馆是王维居住长安辋川别业的景观之一，他用这首五言绝句描写了竹林清舍、夜寂人静的图景：独坐幽篁里，弹琴复长啸。深林人不知，明月来相照。

运营信息

运营方面首先是对受众的研究。在问卷调查中，超过九成的受访者表示会通过网络评价和知名度筛选酒店，特别是对于众多的外国游客而言，会优先选择有一定国际知名度的连锁品牌。因此，民风小院将申请加入国际青年旅舍（Youth Hostel Association，简称 YHA）网络，对规范管理和对外推广都有帮助。YHA 对于加盟的青年旅舍制订了经营标准，其中除了管理和组织上的规定外，在设计上也提出了一些要求，包括独立入口的男女宿舍、铺位要求、公共区域功能、服务设施等内容，因此，在策划书中也将这些内容列出，作为设计的输入条件。

为了避免商业经营上的同质，本项目也与西安另外两家 YHA 的青年旅舍——七贤国际青年旅舍和湘子庙青年旅舍和进行对比，可以看出，本项目在地段环境和现代化设施上具有一定优势；同时，由于商业区位优势，本项目也是三家青年旅舍中唯一引入手工艺制作工坊的，使住店的游客不仅可以感受到传统建筑特色，还可以亲自体验传统手工艺品的制作过程。

三家 YHA 国际青年旅舍的建筑比较 **表 3.6**

名称	七贤青年旅舍	湘子庙青年旅舍	雅集苑青年旅舍
总面积（m^2）	3300	1400	1700（拟建）
层数	一层	四层（及地下室）	四层
客房数	37	43	28
独立卫生间	无	有	有
建筑特色	中式合院群，白墙青瓦，内院宁静闲适。紧邻七贤庄一号院，为全国重点文物保护单位	仿古多层建筑，正门面对古城墙，有中式回廊的室内中庭	新中式四合院，体现北院门传统商业氛围，通过现代设计体现传统空间意象
商业及娱乐	活动室、景观内院	餐厅、酒吧	餐厅、景观内院、手工艺制作工坊
停车位	无	有	无
与市中心距离	2.3km	1.0 km	0.7 km

（资料来源：自绘）

3.6.3 案例小结

民风小院的案例是历史环境新建项目的一次实践，对于本项目而言，城市肌理的补充是设计的必要条件，功能方面也有着较明确的要求。因此，问题搜寻的主要方向是如何使游客能够切身体验到历史环境带来的文化感受。在本项目中，建筑的实体创造使游客能够近距离感受传统建筑特色，而创造交流空间才是文化传递的核心。策划中需要找出促进这一活动的建筑内容，并结合下一步的策划构想，最终形成完整的策划信息表。

图 3.19　民风小院项目概念设计图
（图片来源：自绘）

3.7　本章小结

辛辛那提城市设计系教授马哈伊尔·阿列费（Mahyar Arefi）指出，当今对文化的态度是一种消费而不是沉淀，这使得场所的意义在每一次重建中的不断流失（Arefi，2007）。因此，在历史街区的新建项目中，需要从策划阶段开始认真收集信息，重视设计中的多种需求，体现文化意义和价值。信息收集有助于从功能、环境、文化、经济等方面发现问题，并通过设计予以解答。这些引发思考的问题（即佩纳所指 problem seeking）可能有很多，笔者在与寇耿教授讨论时，他表示如何创造良好环境、增进日常活动是他在设计中经常思考的问题。他举例在上海太平桥地区城市更新项目中，他没有将绿地作为高档住宅的专有财产，而有意在绿地上设置了许多穿行路径，这样做的目的是保证人们都能享有舒适的环境。在他看来，这样的做法有利于保持这一区域的日常生活[1]，也延续了上海石库门建筑穿行交错的空间模式。

本章中所提出的一些关于外部、内部、运营方面的信息索引，是通过历史环境新建项目的案例研究以及实地调研所得出。前面所提到的哈佛大学拉尔森楼和伯克利学生活动中心等案例，则展示了通过建筑策划工具获取信息的具体方式，通过项目业主和实际使用者的评价反馈，可以看出这些项目很好地回应了策划信息处理中发现的问题。综上所述，通过策划协同模式收集和处理历史街区的信息，寻找设计依据，对于新建项目更好地融入历史环境，以及带动历史环境活力都有很大帮助。那么，如何从这些信息中找到设计依据？策划中将提出怎样的构想，能够帮助新建项目更好地切合历史环境？下面将通过策划协同模式的策划构想研究，对这些问题进行解答。

① 在讨论中，寇耿教授表示他很乐意看到这片绿地被周边居民当作日常生活的空间，而不是成为把人们与太平桥高档社区隔离的绿化带。他认为这些都是一个有历史的城市应该保有的东西。

第 4 章

策划协同模式的策划构想

4.1 建筑策划构想的界定与探讨

4.1.1 建筑策划构想的内容

策划构想（programmatic concept）是策划协同模式的核心环节。一直以来建筑策划理论存在着一个争论，那就是策划是否需要提供解决问题的策略。一些观点认为，策划阶段应保证绝对的客观，不应加入策划者的主观意见；而且，策划构想不应代替建筑方案中的构思工作。对此，策划学者有不同的看法，佩纳解释了策划构想与设计构思的区别，他认为，策划构想是从个别案例中总结出的一般或抽象的概念或思想，而设计构思是指针对业主或使用者提出的具体问题给出的解决方案。例如，“历史环境中的文脉并置”是策划中提出的构想，对应的设计构思可能是“在历史建筑中部分改造成新的立面”或者“用新建筑补充历史建筑缺失的部分”，这些都是具体的设计构思。佩纳强调，策划可以为设计确立一个大的方向，尽管对每个条件的描述必须准确，但是设计方向也应该足够宽泛，给设计师提出不同解决方案或建筑表达方式的空间，以避免解决方案太狭隘（Pena，et al.，2012）。这一观点可以从 CRS 的策划案中加以印证。例如，在美国曼哈顿社区学院（Manhattan Community College）的策划案中，策划团队一共提出了六条策划概念，如最小学习单元以及平面组织鼓励课程与课外活动的交叉等[①]，这些构想并不涉及具体的设计内容，但都在后续的方案设计中予以解答。

在 CRS 早期的策划案中，策划构想通过棕色板法表达（第 2 章曾介绍），以简单

① 详见 CRS Archives. Manhattan Community College Appendix Master Plan，Ref: 637.2000

的文字和图例说明想法，使设计团队和业主可以直观地了解策划团队的建议。然而，在笔者查阅的 CRS 中心档案中，策划构想更多地侧重于功能性和经济性考虑。一方面的原因是在很长一段时期，他们所参与的项目都是大型公共类项目，例如休斯敦音乐厅、辛辛那提会议中心等项目；另一方面，佩纳的问题搜寻法主要针对项目在设计和实施过程中可能遇到的问题，即功能、形式、经济、时间这四个问题，而诸如艺术性和历史文脉则归入了形式的范畴，这使得文化因素在策划中的优先度降低。例如在第 2 章中分析的哈佛大学拉尔森楼以及奥林科学楼（Olin Hall of Science）① 的策划中，虽然这两个项目都是置于历史环境之中，但策划构想仍是以功能理念优先，对于环境契合的考虑是在平面与交通形式确立之后。考迪尔在回忆录中写道："这个项目的概念是与 30 位将在楼内工作的科学家共同得出的（Texas A&M University，2011）。"笔者将考迪尔和佩纳的这种策划构想方式称为"行为构想"。

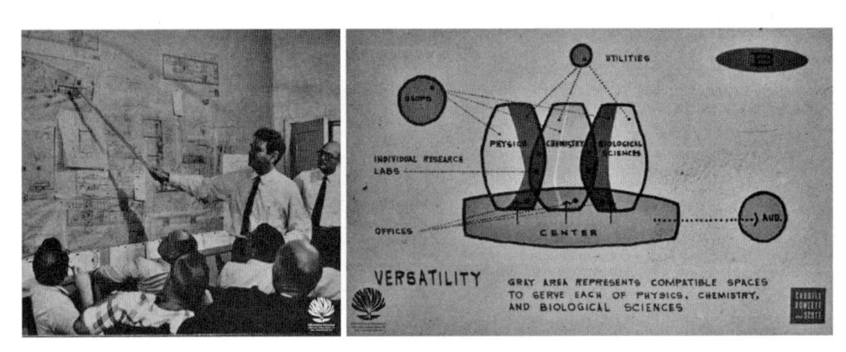

图 4.1　奥林科学楼的策划是以功能优先的策划，策划构想的内容也是基于使用者行为需求得出的，即行为构想（资料来源：CRS Archives）

随着策划项目范围的扩大和理论的发展，策划学者发现行为构想并不能很好地体现多样化的价值观，例如艺术性、文化性等方面的价值。切丽认为，美学构想可能是最难表达清楚的内容，必须有其他条件的限制或补充。例如，策划者可能提出"在历史地段中间建设一栋新的公寓，同时明显地体现其当代性"，但这个构想无法独立存在，必须得到该历史地段的建筑信息支持，包括周边建筑物的体量、轮廓线，以及审美策略，如是否认同周边建筑的视觉复杂性（简化或保持），或是否考虑周边建筑的

① 奥林科学楼位于美国科罗拉多学院，该项目设计需要与周边其他历史建筑相协调。后面将具体分析此项目的策划构想。

体量（协调或冲突）等（Cherry，1999）。与上述佩纳和考迪尔的方式相比，这种构想需要客观条件做支持，是一种“环境构想”。虽然这一想法被广泛认同，但 CRS 的策划工作仍是以佩纳的行为构想方式进行。

而环境行为学者赫什伯格的研究正式地将环境构想引入建筑策划。他将人文、环境、文化等因素提升到与经济、时间同等重要的位置，并归纳为八种价值领域（HECTTEAS）并提出构想，从理论层面将行为构想与环境构想相结合。赫什伯格的这种方法涵盖了用户需求、行为、场地条件、形式考虑等问题，并且可以根据设计需要确定优先顺序。庄惟敏教授则是按照建筑的空间限定将其划分为外部构想和内部构想（庄惟敏，2000），虽然划分方法上与赫什伯格的框架有所区别，但两者均认同建筑策划中环境因素与文化需求的重要性，这为本书研究历史环境中的策划构想提供了理论支持。

赫什伯格提出的八种价值领域强化了环境和文化因素在策划构想中的位置　　表 4.1

赫什伯格提出的 HECTTEAS 价值领域	
人文 Human	功能、社会、自然、生理、心理
环境 Environmental	场地条件、气候条件、文脉、资源、废弃物
文化 Cultural	历史、制度、政治、法律
技术 Technical	材料、体系、过程
时间 Temporal	生长、变化、永恒
经济 Economic	资金、建造、运营、维护、能量
美学 Aesthetic	形式、空间、色彩、意义
安全 Safety	结构、防火、化学、个人、犯罪

（资料来源：根据 Hershberger. Architectural Programming & Predesign Manager[M]. 1999 绘制）

相较而言，庄惟敏法则更加清晰地将构想的内容归纳整理：外部构想是对环境和其他外部输入条件的回应，内部构想则是对功能需求和使用者行为的解答。这样的分类更加适合我国当前的任务书格式，有助于建筑师清楚地理解策划建议。进一步地，庄惟敏法和赫什伯格法均提出了技术构想的概念，从建构、绿色建筑设计等更多角度提出策划构想。国外一些事务所也是采用“从外向内”的逐层构想方法。本研究将以庄惟敏法的分类方式为主，结合前面的信息处理的内容，将策划构想分为四大类，分别是场地构想、实体构想、功能构想与运营构想。下面将通过具体实例，说明历史环境新建项目中策划构想的具体操作方式与内容。

4.1.2 历史环境新建项目的策划探索：哈佛大学西北科学楼策划

以 SOM 事务所设计的哈佛大学西北科学楼（northwest science building）为例。西北科学楼是哈佛大学近些年来完工的最大项目。这座大楼将哈佛文理学院（FAS）下属的神经科学、生物工程、计算分析等专业和其他功能组织在同一个建筑中，包括各专业实验室、教室、报告厅等，功能关系较为复杂。同时，该项目位于哈佛北区（第2章曾介绍），场地交织在哈佛校园六座既有建筑之间，又朝向历史住宅区。SOM 在着手设计该项目时，校方提出多个具体要求：需要高效而灵活的设施以满足快速变化的需求；大楼需在最短的时间内竣工；大楼需要具有历久弥新的品质，并与周围环境协调[①]。面对这些问题，负责前期策划的团队需要首先梳理现状信息，然后综合得出策划构想，并在最终策划报告中体现。笔者在美国访学期间拜访了 SOM 芝加哥事务所，并采访了该项目的负责人、也是《城市营造》一书的另一位编者菲利普·恩奎斯特（Philip Enquist）教授和城市设计师，了解这个项目在前期策划过程中所进行的构想工作。

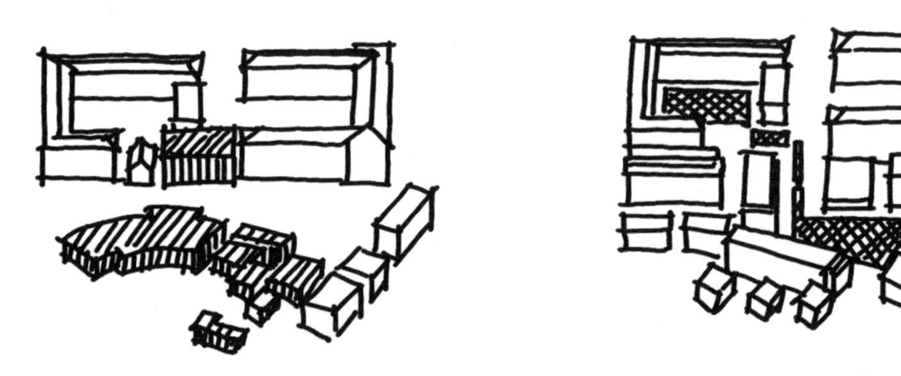

图 4.2 左图为原有场地，右图为策划中的场地构想。西北科学楼重新定义了哈佛北区的格局，使特色空间得以延续

（资料来源：根据 SOM Archives 自绘）

（一）场地构想

在 SOM 的策划案中，首先强调建筑和空间模式的连续性（continuing the pattern）。

① 详见 SOM 事务所网站 http://www.som.com/projects/harvard_university_northwest_science_building

这种延续性既包括了空间形态上的延续，也包括功能上的连续。哈佛方院（quadrangle）是校园中非常有代表性的活动空间，许多集会、展示、交流等活动都在这个空间进行，离西北科学楼最近的动物学系方院中甚至有一个沙滩排球场。西北科学楼位于哈佛北区的最北侧，由于其南侧的动物学系和自然博物馆围合的院落布局，使这一地块被完全分离出北区的空间序列，成为一处偏僻的后院。为了改变现有场地毫无生气的状态，保持这种模式连续性是必要的。另一个重要的结论是建立必要的联系（necessary connection），使封闭的区域向校园外开放[①]。这两点也成了后续方案中重要的设计策略，大楼通过两个交叠的长方体重新定义了空间格局，并新增了小径和草地庭院。寇耿教授在和笔者讨论这个项目时，表示创造宜人的步行路径是历史环境设计中的一个重要策略，因为步行系统是激发活动的媒介，也是最直接感受历史环境氛围的途径。

另一个重要的场地构想是与周围环境的协调。在建筑高度上，为了保持与周边建筑的一致，西北科学楼将几乎 60% 的面积置于地下，地上 4 层为科研和办公空间，地下 4 层地作为停车场、展厅和一些需要避免震动的实验室。在建筑外形上，建筑通过地形的起伏变化进一步削弱四层高度的体量感。西北科学大楼设置了被称作“客厅”的讨论空间，这些空间被设计成面向历史建筑的景框；一层的咖啡厅采用玻璃移门，在天气暖和的时候可以全部打开将桌椅移至户外；由景观师迈克尔・范法尔肯博格（Michael Van Valkenburgh）设计的广场室外广场提供了休憩和交流的场所，草坪同时兼作地下展厅的屋顶，凸起的方框既是座椅也是采光天窗，当地下展厅举行活动时，草坪上活动的人也可以向下张望。这些都体现建筑出对环境开放的姿态。

（二）实体构想

西北科学楼所在地周围的建筑风格多样，既有哈佛传统红砖风格的历史建筑，也有 20 世纪 60 年代雅马萨奇（Yamasaki）设计的现代主义风格的建筑，大楼周边还散落着许多古典主义风格的住区，新建项目需要体现对这些历史环境的尊重和呼应。由于新建建筑面积需求超过了 5 万 m^2，当地居民担忧过大的建筑体量会对历史环境产生影响。

在策划沟通的过程中，院系和策划团队都认为在满足功能要求的前提下，应该使西北科学楼成为一个“亲切”的建筑，以区别校园中一些庞大的、外表冰冷的试验楼。

① 详见 SOM Archives.Harvard University: The North PrecinctProgramming Studyfor the Sciences. Social Sciences and Humanities [R]. 2001. 项目负责人 Philip Enquist。

此外，交通组织也是该地块中存在的问题，地块是呈反 L 形，被夹在现有建筑的间隙，只有两端与道路连接，由于周边历史建筑都没有停车空间，地面过多的车辆会影响校园的环境，因此这一项目中还需要考虑大型的地下停车场。

体现亲切感的一个构想是建筑形式和材料的选择。时任哈佛大学校长的劳伦斯·萨默斯（Lawrence Summers）起初倾向于乔治亚风格的古典建筑，但 SOM 负责该项目的克雷格·哈特曼（Craig Hartman）最终说服了他，“这是一栋新的建筑，我们需要达到历史文化的关注与当代科学技术需求的平衡”（Bierig，2009）。材料上的协调则更加大胆，采用了现代风格的木头 + 砖 + 玻璃的组合。哈特曼认为，哈佛校园中有相当多用砖和木头建造的建筑，这些建筑传递了一种温暖的美感[①]。笔者在哈佛大学的实地调研中发现，大面积玻璃的应用并没有带来不协调感，这得益于两个细节，一是玻璃幕墙采用错缝的切分方式，呼应了传统砖结构的砌筑模式；二是玻璃与木材的组合带来的典雅感受，建筑使用一种名为使君子木（Pucte）的热带木材作为表皮，耐候性好，而且表面有一层古董似的光泽，减少了混凝土大面积暴露所带来的冰冷感觉。

（三）功能构想

功能构想是该策划工作量最大的部分。西北科学楼策划书中的功能信息包括了以下几类内容：院系位置、与其他专业的联系、全职人数和全时工作量（FTE[②]）、公共空间、现有使用面积、所需新增面积、近十五年的院系面积增长率、使用需求、受访时间和人员，通过这些内容推算出各专业在西北科学楼中合理的面积需求和功能联系。由于西北科学大楼涉及六个系的功能信息，这里仅以工程科学系（DEAS）为例。

工程科学系位于哈佛大学北区西北侧，共有五栋教学楼，并租用了西北角两栋房屋，现有建筑面积 20000m^2，下属四个研究中心。该系全时工作量 48.25，与其有直接联系的是物理系。工程科学系新增部分将满足四个研究中心和新增师生的使用。在与各部门沟通后，需要增加的科研面积为 3700m^2，通过现有的功能整合可以提供 1100m^2 的面积。因此，预计在西北科学楼内的所需面积为 2600m^2。具体到使用功能，DEAS 提出希望增大实验室面积标准（当前是 350m^2/ 单元）以容纳更多的试验设备，

① 详见哈佛报纸的报道 Science Building Goes North By Northwest. Cambridge: the Harvard Crimson，October 3，2008

② FTE 全称 Full Time Equivalent，是对从事科技活动人员投入量的一种测算方法，是将非全时工作人员的工作量与全时工作人员的工作量加权计算的结果。比较科学合理，可以如实反映投入的人力数量。

在教室中增加数字信息展示设施；在图书馆建设方面，几乎每个受访院系都希望加强各图书馆之间的联系，改变哈佛现有理工科图书馆各自运行的情况。此外，DEAS 希望能有更多的交流空间和餐饮。

图 4.3　建筑采用通透的界面，有助于使用者与外部环境的交流
（图片来源：自摄）

功能构想的处理主要包括了数据和流线组织。数据方面，由于项目四周被现有建筑环绕，可建设面积非常有限，因此需要得出准确的新增面积需求，避免因信息不准确造成面积浪费。计算从两方面进行，一方面对近十五年来 DEAS 科研空间和图书馆空间的增长进行回归统计，得出平均增长率，判断未来二十年的预期增长情况；另一方面按照各部门提供的需求表和全时工作量，按照标准计算新增面积。

流线方面，建筑采用了垂直分区，实验室与科研办公空间分布在走廊两侧，小办公室环绕在公共会议室和上面提到的“客厅”周围，最大程度地方便了科研人员进行跨学科交流。将开放和封闭的交流空间直接叠合起来也是建筑设计的策略之一，这一点在地下展厅的设计中已经体现出来（Bierig，2009）。分子生物学系的教授捷夫·里奇曼（Jeff Lichtman）表示，如今西北科学楼的合作空间使他和其他专业的同事能够更多地接触（Bradt，2008）。笔者对 25 位在楼内工作的科研人员和博士生进行了采访，对于“你认为楼内最令人满意的设计是什么”这一问题，得到最多的答案是科研功能间的流线关系很合理，工作时可以很方便地在实验、办公、讨论空间中穿梭。另一个被提及较多的答案是这栋大楼提供了多样化的讨论空间和一个集中的餐饮区，而且朝向哈佛校园景色最好的方向，使科研人员能够在紧张的工作中得到放松。

（四）运营构想

作为科研建筑，业主方希望西北科学楼能提供高效而灵活的设施，以满足快速变化的需求。为此，实验室和办公空间被设计成阁楼空间（loft space），可按照科研需要自由划分空间，在内部设置跃层楼梯，方便工作中的联系。如何为建筑提供高效的支持也是策划研究的一项工作。大楼内设置了一个“脊柱（spine）”，将设备、电气、管道、燃气通过集中设置的服务轴传送到每一间实验室，这类似于康在宾夕法尼亚大学设计的理查德医学中心（Richard Medical Center）中的服务空间的概念。在运营费用上，与哈佛多数科研建筑全天都要依赖人工照明不同，西北科学楼通过自然光提供了一个明亮的工作环境，而且高性能玻璃和高反射率的屋顶有效地减少了热负荷。

在进行运营构想的过程中，会谈是一个重要的形式。在策划书中，记录了策划团队和各院系以及社区团体间的会议，除了设计方面的代表和各院系、团体负责人外，会谈还包括负责哈佛校园规划的 FAS Planning① 的负责人纳兹尼恩·库珀（Nazneen Cooper）和设计师莎拉里·菲尔德（Sharalee Field）。FAS Planning 是哈佛下属的一个机构，主要负责哈佛校园的空间规划、建筑策划和科研空间管理，以及校园设施的有效利用，这一团队的加入能够帮助策划团队更好地掌握校园建筑的运营情况。菲尔德认为这次合作非常成功，她表示项目完成了客户的目标，并且在使用中证明了设计的成果。

（五）小结

从西北科学楼的策划案例中可以看出策划构想在实际项目中的操作方式与内容。这些构想对应着场地、空间、运营中所发现的问题，提出解决方案，使得新建项目能够更好地契合历史氛围，为使用者提供舒适的环境。这些构想最终发展出设计中的独特标识，例如木质景框、地景式的天窗以及高效的阁楼空间。西北科学楼因其成功而独到的设计，获得美国建筑工程学会的“最具创新项目奖”，以及波士顿建筑师协会“高等教育建筑奖”等一系列奖项。

SOM 的这一策划案例进一步验证了策划构想对设计的指导作用。在下面，将对策划协同模式中四类构想的可能内容进行研究与总结，并通过笔者参与的策划实践进行探讨。需要强调的是，这些构想只是来自一些成功的策划经验，并不能枚举历史环

① FAS Planning 属于哈佛校园资源管理与规划办公室，负责校园规划、施工、运营管理等各方面，对于校园建筑的设施策划有着丰富的经验。

境策划与设计的全部可能性。按照库姆林等策划学者的说法，“这些不是限制设计师的创造性活动，也不提供唯一正确的答案。但思考和工作方法可以增加成功的可能性”（Kumlin，1995）。笔者将库姆林对策划构想的阐述总结成三个步骤：

● 首先，策划者在发展策划构想之前，需要从之前的信息处理中得出抽象性的目标；

● 其次，根据这一目标提出策划构想，并与策划团队进行讨论，分析其优缺点；

● 最后，在保证后续设计的独立性与灵活性的前提下，可以加入一些相对具体的原则或案例作为参考。

在下面的研究中，将依照这一思路，具体分析和探讨适合历史环境新建项目的场地构想、实体构想、空间构想与运营构想。

4.2 历史环境新建项目的场地策划构想

场地构想承接上一章中对场地信息的分析。对于建筑策划协同模式而言，场地构想不仅是对建筑布局的思考，更重要的是人在场地中的活动以及历史文化意义在场地中的体现。蒂耶斯德尔指出：“场地比建筑有着更丰富的弹性，因此其可能的变化将带来更多美学或文化价值的表达。”（Tiesdell，et al.，1996）在本节中，将主要针对场地的文化活动和场地容量两方面构想进行研究。

本节中关于历史环境新建项目的场地策划构想研究　　表 4.2

历史环境新建项目的场地策划构想		
研究范围：历史环境—建筑场地之间的关系		
构想类型	构想内容	策划案例
场地文化活动构想	● 延续特色的空间活动 ● 多层次的外部空间	MJP，英国 BBC 总部新楼，伦敦 CRS，哈佛大学拉尔森楼，剑桥
场地容量构想	● 容量控制 ● 不同体量建筑的兼容	清华—耶鲁，故宫筒子河东岸地段研究，北京 SOM，太平桥地区城市更新，上海

（资料来源：自绘）

4.2.1 场地文化活动构想

多数情况下，历史环境新建项目是为了应对原有环境的衰败或加入新的功能，是一种插入式开发。英国皇家建筑师协会（RIBA）前主席理查德·麦克马克（Richard MacCormac）因其在牛津和剑桥所设计的一系列校园建筑而出名，他认为历史环境中的建筑和城市空间不是在一块白板上设计的，设计不能陷入自身的思维之中而忽视现有的文脉（MacCormac，1993）。上一章中提到，人们对于场所识别的直观途径是物质空间的感知。因此，延续空间特色是呼应历史环境的基本方法，这一构想出现在许多建筑策划案中。然而，对于延续空间特色的理解却有争论。一种观点认为需要忠于美学的完整性，体现在设计上，就是立面等外部表象的相同或相似。一个极端的例子是英国曼彻斯特市英格拉姆大街（Ingram Street），一些破损的建筑虽然被拆除，但沿街立面就像布景墙一样被完整保留下来，这样的做法实际上把城市景观当作舞台布景。在我国，这种情况也屡见不鲜，一些新建建筑被贴上了历史的表皮，却忽视了建筑形式与功能的关系。学者乔纳森·理查德（Jonathan Richard）在《立面主义》一书中指出，当建筑室外的风格与室内的功能完全脱离时，就会显得缺乏概念上的整体性，而这样的建筑并不符合现代建筑的基本理念（Richard，1994）。荷兰大都会事务所（OMA）的合伙人麦克尔·克科拉（Micheal Kokora）在一次建筑研讨会上表示，如果建筑只是在伪造历史，那么未来我们只能在假古董里寄托乡愁①。

延续特色空间和活动

随着对历史环境认识的深入，越来越多的策划者和设计者认识到，应延续特色空间和活动而非建筑实体。以麦克马克设计的英国 BBC 总部新楼（BBC New Broadcasting House）为例，该建筑位于伦敦市中心的朗汉广场，周围有许多历史悠久的建筑。建筑师希望新的建筑成为历史环境中一个活动的场所，而不是一栋冷冰冰的办公大楼。设计作为历史环境步行领域的延伸，通过 U 形的建筑形式，形成从摄政街到 BBC 总部的引导性空间。这一空间的核心是有着近两百年历史的诸灵堂（All Souls Langham Place）。日常的活动及文化展示在中央这一区域进行，BBC 的工作人员也可以透过凹形的半透明玻璃看到室外活动的内容。为了进一步促进文化活动，麦克马克对项目的公共艺术方案进行了策划，共分为四个部分。永久性：使作品融入建筑。暂时性：视觉艺术作品“包裹”在建筑脚手架上。社区性：由当地社区成员，特别是高等学院和学校设计的艺术作品。收藏性：不同的艺术家到访并为 BBC 总部留

① 详见 Micheal Kokora.Heimat[R]. Mercator Salon. 2014.

下的艺术作品[①]。通过这些文化活动构想，更有助于体现场地的文化价值。

因此在策划中需要分析以下两点：

- 现有场地或周边的特色活动，以及新建项目可能带来的场地活动；
- 通过场地设计让使用者能够直接感受或参与这些活动。

多层次的外部空间

另一项对文化活动有帮助的是提供多层次的外部空间。新的项目需要通过人的行为活动来传递空间体验，因此需要外部空间来吸引活动。按照环境行为学的研究，空间环境对于人的行为的影响是不同的，特别是在人处于活动状态时，意味着个人与社交距离[②]可能会因此改变。因此，设计需要提供多层次的外部空间以满足不同人群的活动需求。例如上面提到哈佛北区方院，成为校园生活中重要的活动与社交场所，而同样是一些校园建筑的方院却仅仅作为通过空间，原因并不是景色上的差异，而在于空间缺少变化，不能激发人们自主活动的兴趣。在哈佛方院中，散落在不同空间的座椅，加上建筑的门廊或台阶，提供多种交流空间；纵横交错的路径也给了人们多种行走的选择，将方院中的任意两个空间联系起来，使人可以从多角度欣赏历史建筑的景色。即使在单体建筑中，多样性的空间也十分受欢迎，笔者曾对拉尔森楼的使用者进行采访，有七成的使用者表示经常利用楼内和地下庭院的休息区，而非自己的办公室进行学习和讨论，因为这些空间非常适合交流。一位博士后在采访时说到，她最喜欢一层转角处的交流平台，因为这里不会被行人打扰，周围又有很好的自然景观。SOM 的策划中将空间层次定义为三个方面，这也是场地构想中需要关注的内容：

- 有着良好历史景观的远景；
- 可以看到他人活动的中景；
- 提供遮蔽与休息空间的近景。

4.2.2　场地容量构想

容量控制

历史环境中，新建项目的场地容量也是策划中需要关注的问题，即使是改建项目，

---

① 详见 MJP 建筑事务所网站 http://www.mjparchitects.co.uk/

② 个人距离等概念是人类学家爱德华·霍尔（Edward Hall）提出的，他认为距离是可以影响人的行为的，不同距离对应着不同的心理需求。

图 4.4　体现多层次的外部空间是历史环境新建项目的一个常用的场地构想
（资料来源：根据 SOM Archives 自绘）

由于功能变更或使用需要，建筑容量也有可能发生改变。英国学者大卫・皮尔斯（David Pearce）认为，建筑的整体创造了历史环境的识别性，而规模和容量的影响比形式或建筑风格更加明显（Pearce，1989）。通过对历史环境的调研发现，整体风貌多数是由大量相似体量的建筑形成，例如历史街区中的民居或历史校园中的宿舍和教学建筑。除非是一些标志性的建筑，否则过大或过小体量的新建筑会显得比较突兀。例如在德国吕贝克历史城区中一栋大型的商业综合体，在城市肌理中非常突兀。控制容量的一种方式是通过网格规划（grid），通过在场地中构建方形或异性网格，保证原有格局的统一性。网格是重复、放射的几何结构，当多个相似单元产生共同联系时，空间会体现出秩序感和尺度感。网格的尺寸需要根据所在环境截取的现状网格以及现有的建筑类型综合得出。

通过网格实现场地容量控制也体现了城市生长的规律性。建筑历史理论家斯皮

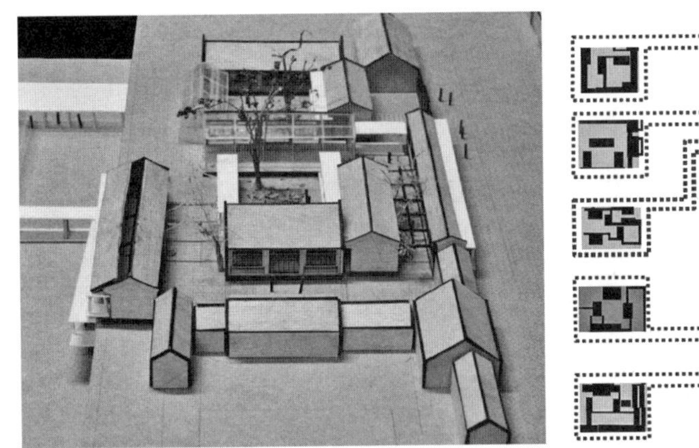
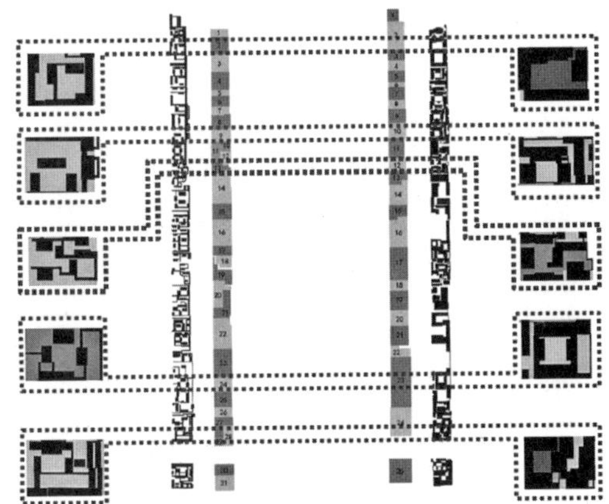

图 4.5　通过网格对现有格局进行控制，保证新建项目容量符合历史环境要求
（图片来源：自绘）

罗・科斯塔夫（Spiro Kostof）认为，城市网格是人类聚居环境中最基本的景观特征。公共交通体系创造了独特的物质空间格局和街区，街区的大小和他们之间的距离等这些结构上的变化，形成地方特色的核心。每一个地区都有自身的结构特征，并由此产生与这种结构特征紧密相连的各种属性（Kostof, 1993）。因此，确定符合历史特征的网格规划是恢复场地特色的第一步。在清华大学与耶鲁大学的联合设计中，项目需要对现有故宫筒子河东南池子地区杂乱无章的建筑进行整治，设计团队首先根据这一地区的历史格局复原了网格规划，然后与现有的格局相比较，保留现状条件较好的院落和建筑，对违章搭建和超限建筑的区域进行清理，并按照设定的网格进行空间组织，控制高度，确定建筑容量[①]。这样的做法保证了空间形态与周边历史环境的统一。因此在策划构想中可以进行以下工作：

- 通过在场地中构建网格规划控制容量；
- 从原有城市肌理中寻找网格结构，恢复历史环境格局。

不同体量建筑的兼容

控制容量的另一种方式是有序地将不同体量的建筑进行组织。这主要适用于设计需求大于原有场地容量的项目。以上海太平桥地区城市设计为例，这也是国内关于历史环境更新的一次重要尝试。1995 年，SOM 获得了一个在原法租界地区的改造项目，占地面积 160hm^2，这是当时上海中心区最大规模的开发项目，即“上海新天地”。太

① 详见笔者参与的清华—耶鲁联合设计：Zhang Qu and Ruoxing Li. The Regeneration of Nanchizi Historic District in Beijing [R]. Tsinghua University. 指导教授朱文一，Allan Plattus。

平桥地区遍布法租界时期的住宅和新式石库门里弄[①]。其中还包括具有历史意义的中共“一大”会址。这些二至三层的砖混建筑面向成荫的梧桐树绿道，形成狭窄而又充满空间趣味的弄堂。在 20 世纪 90 年代，与上海许多地区一样，太平桥的居住密度非常高，而且没有独立的盥洗设施。项目面临的问题是如何创造一个具有可识别特色和标志性的混合使用社区，以满足城区开发需求。设计团队希望创造出与环境相协调的场所，同时形成一个小型的、步行尺度的商业街区，以吸引投资者，带动持续性的开发（Kriken，2010）。在当时，对于历史环境的新建项目还停留在旧城改造的认识上，只能通过不断插入新的建筑来进行开发，但是在财政上，没有足够的资金迁出所有居民并新建建筑，因此，政府希望通过商业开发来改善这一地区的面貌。

在这一项目的策划中，SOM 提出了与当时城市旧城改造完全不同的开发思路，保留了基地内保存较好的石库门建筑，以及所形成的弄堂，将其进行功能置换，作为购物、餐饮、娱乐综合功能的步行街，并通过修建景观公园和人工湖，外围进行酒店、写字楼和高层住宅的开发。这种方式将场地的容量重新组织，历史建筑、水景和公园形成了环境宜人且具有历史特色的中央谷地，成为当时上海的一处特色，周边高密度开发项目的价值也因此提升。在这一项目的策划中，兼容性体现在以下几个方面：

- 与城市历史环境特征匹配的规模和形式；
- 通过控制开发活动，避免给现有基础设施和社区服务带来过大的压力；
- 保留有助于定义历史环境的可识别元素，包括重要的历史建筑、街区、具有可达性的特色景观等。

这种模式后来被称为“新天地模式”。寇耿教授作为该项目城市设计负责人，表示这样的组织方式能够更好地体现与历史建筑兼容的文脉特征。他认为，对历史环境的体验主要通过人在其中的步行活动获得，这也成了项目流线组织的方式：小体量建筑以步行路径为主，大体量建筑以车行路径为主。这样的组织方式避免了整个地块高楼林立的景象，不同体量的建筑通过景观拉开距离，步行路径的高宽比和树木遮挡很好地掩蔽了高层建筑对天际线的影响。

“新天地模式”成为许多城市模仿的对象，但效果不一，寇耿教授认为一些项目只是复制形式，而忽视了其当时这样做的原因。太平桥项目希望在高强度开发中保留

① 石库门是上海特色的居民住宅，结合了西方建筑和中国传统民居的特征。建筑造型简约，采用单进院落，门楣借鉴了江南传统建筑中的仪门，新石库门则多为西方建筑的山花形式，并采用清水青砖或红砖。

城市历史环境的体量与特征，并非只是通过小型高端商业和历史建筑来聚集人气。同时，他也正视这个项目所的争议，在与笔者的讨论中，他表示随着城市的发展，中心区建筑容量的增加不可避免，如果有可能应该尽量完整地保留历史建筑。但就策划构想而言，这种场地容量的兼容组织提供了一种可行的思路。

本节小结

场地构想是整个策划协同模式中构想环节的第一步，而且通常是最主要的一步。宾夕法尼亚大学教授盖瑞·哈克（Gary Hack）认为，每一个场地，无论是天然的还是人工的，在某种意义上来看都是独特的，而场地中存在各种活动形成相互联系的网络，在交织的过程中也形成相互限制（Lynch，et al.，1984）。场地构想就是在这些限制中寻找各种可能性，为设计提供合理的参考。

4.3 历史环境新建项目的实体策划构想

策划构想的基础是信息收集，前期收集的外部信息和内部信息为策划构想提供了依据。其中，场地构想主要由外部信息得出，空间构想主要由内部信息得出，实体构想则需要两种信息共同得出。历史环境中的建筑不仅受到周边建筑风格的影响，个人空间的需求也会对建筑物的整体带来影响。比如需要自然光的活动可能存在于某种形式的空间，而这种光线的要求对于建筑的外部设计也会产生提示。在本节中，将主要研究建筑风格和建构这两类实体构想。

本章中关于历史环境新建项目的实体策划构想研究　　**表 4.3**

历史环境新建项目的实体策划构想		
研究范围：历史环境—建筑实体，以及建筑场地—建筑实体之间的关系		
构想类型	构想内容	策划案例
建筑风格构想	● 传递与补充 ● 多层次的外部空间	奇普菲尔德，库普弗运河十号美术馆，柏林 安藤忠雄，大都美术馆，北京
建构构想	● 材料的表现力 ● 近人尺度的细节	童明，董氏义庄茶馆，苏州 斯卡帕，欧利维蒂展示中心，威尼斯 CRS，奥林科学楼，科罗拉多泉 克里尔，里特大街住宅，柏林

4.3.1 建筑风格构想

许多历史地段都有相应的法规条例对建筑形式进行约束，特别是高度限制、红线退让、容积率等，一些地方还会对立面开窗比和顶部样式进行规定。事实上，除去这些强制性的限制，策划中的建筑风格构想自由度很高。赫什伯格认为，建筑师创作的推动力是建筑艺术，他们会对建筑与环境如何产生关联具有强烈的偏好（Hershberger，2000）。从这一点上来讲，策划者需要理解建筑师的观点，减少策划工作中对设计风格的主观限制，而更多地将符合业主、使用者和社区的风格需求传递给建筑师。

传递与补充

关于建筑风格的构想有很多，英国建筑师理查德·罗杰斯（Richard Rogers）将新建项目与历史环境的关系分为两种："统一"与"并置"。统一是将通过复制或拼合历史环境中现有的建筑，试图保留曾经存在过的印象，这种构想与上一节中的立面主义思想相似，被许多学者所批判；并置则是将不同时代的建筑置于一起，新建筑有着自身完善的美学，并不向周围环境中的其他建筑妥协，例如Sanaa事务所设计的纽约当代艺术博物馆新馆（New Museum of Contemporary Art），通过六层白色矩形盒子叠加在一起，独立矗立在街区中，表皮的铝网与周边混凝土风格的建筑有巨大差异，设计者表示，他们希望通过这种具有冲击力的形式使其成为博物馆的符号，也成为纽约新的景观。

还有一种风格构想，对前两种方式都持有批判性，即倡导以积极的态度面对现实，同时避免现代主义简单的白色盒子思路。麦克马克将其称为"传递与补充"的关系，他指出，在历史环境的设计项目中，建筑师需要充分理解环境与建筑的意义，再去加入一种新的元素，新的建筑形式应该是真实的（针对前面提到的虚假的复制），并且要与现在的建筑形象形成良好的互补关系。这种构想的难点在于并没有统一的设计标准，成功的构想需要依靠策划者和设计师长期的自我评价和实践进行。这里通过一个案例来介绍新建项目如何形成历史环境的传递与补充。

于2007年建成的柏林库普弗运河十号美术馆（am Kupfergraben 10），由英国建筑师大卫·奇普菲尔德（David Chipperfield）设计，这栋四层高的美术馆位于柏林历史城区中心，紧邻博物馆岛。原有的建筑在"二战"中损毁，留下了这处转角的空地。项目建立了两个原则，一是补充城市缺失的肌理和街道立面，二是建筑要能够呼应周

图 4.6　库普弗运河十号美术馆补充城市缺失的肌理和街道立面，并采用具有手工艺感觉的表皮材料
（图片来源：自摄）

边的环境，但不能与历史建筑混淆。建筑师将体块进行重构，建筑体量与周边石砌的历史建筑带来相似的厚重感，但整体风格上突出现代建筑的简洁特征。同时，建筑师强调边界的衔接，由于地段两侧的建筑层数不同，建筑的两个立面高度分别与相邻建筑保持一致，并通过转角阁楼空间的处理解决两侧的高差，建筑立面上的横向层线分别与两侧建筑的腰线一致，其中东侧的三四层为阁楼式大空间，满足了画廊的采光需要。建筑的开窗根据内部功能设置，虽然采用了大窗洞的处理，但窗格的划分传承了旧建筑的纵向构图。表皮的处理也体现出了与历史环境的呼应，砖墙中穿插有红色与赭色的人造石，没有明显的砖缝，凹凸的立面形成微妙的变化[①]，类似于历史建筑立面上手工处理的精致效果。这座美术馆与对岸奇普菲尔德设计的博物馆岛新美术馆（Neues Museum）一起，成了这一地区优秀的新建建筑范例。笔者曾在柏林向专业设计人员、普通市民以及相关工作人员了解对这座建筑的看法，受访者普遍表示建筑的形式很现代，又能带给人以历史的感觉，这与柏林其他很多完全采用现代风格的项目。这也正是构想中所要体现的“自身具有识别性，并且延续历史的脉络”，即强调设计思维与建筑表现逻辑上的相似，而非形式上的模仿。这样的做法也体现出对历史真实性的尊重。

这种补充与传递成为许多建筑策划中所表述的构想，也与批判地域主义的理念相似，建筑理论家肯尼思・弗兰普敦（Kenneth Frampton）认为，这种构想反映出对两

① 详见奇普菲尔德事务所网站 http://www.davidchipperfield.co.uk/project/am_kupfergraben_10

类建筑形式的文化反抗，即对国际主义和假借古典的立面主义的反对。他在《走向批判地域主义：抵抗性建筑的六要素》一文中指出，要打破现有的这两种思想，或是同样受到批判的折中主义思想，需要从既有的文化形式中脱离出来，通过对地域元素的综合考虑，要求具有“普适性文明（universal civilization）”的内容作为设计的思考点（Frampton，1983）。比如安藤忠雄在北京国子监地区设计的大都美术馆，这一地区以孔庙、国子监和雍和宫等官式建筑为核心，而美术馆的体量与这些建筑接近，因此设计师将体量弱化，通过连贯出挑的屋檐、异化的窗棂图案和顶部中式屋顶建筑体现建筑的体征。笔者曾跟随参观该项目基地。在前期调研中，安藤认为需要尊重周边保存的众多传统建筑，并体现出东方古典美学的特征。从上述案例中可以看出建筑风格构想需要遵循的原则：

- 从理解建成环境的意义入手，在历史环境中增加新的建筑元素；
- 新的建筑形式应该是真实的，能够反映当代的时代特征。

建筑策划学者也对这一构想持支持态度，赫什伯格在策划的艺术中谈到，无论策划者和业主选择什么样的形式，都需要关注三个建筑本质的命题：即意义、艺术性及转化[①]，只有这样才能摆脱形式主义带来的表象性与局限性。因此，在策划协同操作的实体构想中，出现的关键词应该是“什么样的建筑目标最能够打动使用者和公众”或“他们欣赏什么”，而不是“建筑应该选择什么时期的风格”。除了上面提及的对地域元素的应用外，气候条件、地方性构造以及对光线的理解等，都可以提取出设计的要素。下面将主要对历史环境新建项目的建构构想进行分析。

4.3.2 建构构想

在传统的建筑策划内容中，建构构想并不是最主要的关注点，很多时候对于建构方式的选择是出于功能或经济方面的考虑，例如CRS在奥林科学楼的策划中，设计构想中为了使科研空间更加高效，同时方便进行调整，将所有的功能集中设置在矩形平面的中间，采用活动板墙分隔。为了实现这一构想，奥林科学楼采用了“外骨架（exoskeleton）”结构空心墙体环绕整个建筑，将所有水平和垂直向的管道收纳其中，使其尽可能少地暴露在顶棚上。另一个实体构想是关于建筑表现，策划中提出“避

① 弗兰普顿在他的书里也特别强调了非直接（indirect）地取自某一特定地点的特征要素。对地方性元素的使用必须经过转化，而不是直接复制。

免千篇一律的科学钢铁塔楼”，建筑采用红砖与玻璃幕墙的搭配，结构上无梁楼板的使用都遵循了这一构想[①]。考迪尔指出，希望通过这一做法表现出科学不是在真空中，而是与周围的融合。从这一策划案例中，可以初步看出构造的逻辑性在建筑策划构想中的体现。建构是建筑理性的表现方式之一，对于历史环境的新建项目策划来说，建构构想是不可缺少的，当前许多相关建筑策划偏向于外在表现力，忽视了建筑内在的设计逻辑的延续。在本研究中提出建构构想的两种可能性：材料的表现力和近人尺度的细节处理。

材料的表现力

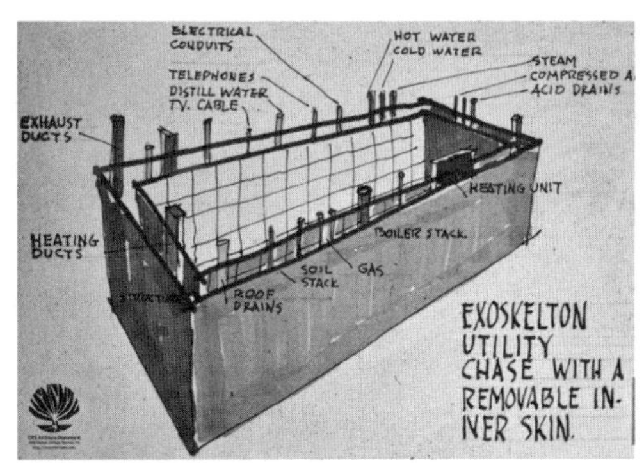

图 4.7　奥林科学楼的形式表达与其策划中无梁楼板和双层表皮的实体构想有直接关系
（资料来源：CRS Archives）

材料是体现建构的一个重要元素。对于材料的使用有三个不同方向，第一种是遵照历史环境中现有的建筑材料，采用相似的构成方法进行重构，我国的传统建筑是以砖木为主，这也体现在许多新建项目的材料选择上。例如苏州董氏义庄茶室，作为历史文化街区中的新项目，童明教授采用传统材料灰砖砌筑围合，区分出新旧建筑的界限；第二种是体现材料构造做法，例如华黎设计的高黎贡山手工造纸博物馆，充分利用当地材料、技术和工艺，结合了现代结构框架和传统木构造做法，使项目本身成为当地传统资源保护和发展的一部分；第三种是不限于材料本身的质感，在新的建构逻辑下，将原有的天然材料转变为一种新材料。日本建筑师隈研吾对材料有着深入的理解，他在建筑中体现出与传统建筑文化深层次的融合，例如他设计的日本梼原木桥

① 详见 CRS Archives. Olin Hall of Science，. Ref：223.2

博物馆，用相互交织的木梁形成建筑的整体空间，整个建筑仿佛从一个树干叠加生长，表现出传统木构的轻盈与力度，室内空间也体现出传统的围合感[①]。在他的设计中，实体构想往往不是针对某一个具体材料或具体空间，而是为使用它的人，去建立可包容在建筑里面的一种生活方式或状态。材料的意义远远不止于本身，而是经过转化以后，带有很强的文化意象，表达特定场所的特定含义，这也体现出设计对环境的契合。这也是策划构想中值得借鉴的地方。

传统材料的使用不仅是出于建筑表现力的考虑，也是适应当地环境的被动式生态策略，应用这些材料和地域性的做法，可以体现新建项目的可持续性。例如在雅安雪山村历史村落震后重建项目中[②]，笔者所在的设计团队以当地广泛种植的毛竹为建筑材料，利用其生长迅速、坚韧抗折等特性，结合川西传统竹木井干式建筑设计新的民居。为适应当地潮湿炎热的气候，建筑底层架空或作为储物空间，立面采用模块化的竹板填充，局部可以开启通风，也方便替换。竹材的加工和竹建筑的搭建工艺并不复杂，可组织当地村民完成，提高重建效率，弥补砖混建筑抗震较差和不可持续的缺点，也使建筑体现出传统材料与工艺的质朴感。综上所述，在策划构想中关于材料的内容可以进行如下探讨：

- 通过传统材料的特性和文化内涵，使建筑融入历史环境；
- 传统建构方法既是适应当地环境的建造方式，也体现出非物质文化的传承。

近人尺度的细节处理

建构在近人尺度的处理也是历史环境新建项目策划中的一项内容。在第 2 章中提到的《费城控制导则》中，就明确规定了新建项目在近人尺度的设计需求。导则指出，材料的使用应注意创造细节、反映质感或小体量的建筑元素，使建筑呈现近距离的观感和人性的尺度（Preservation Alliance，2007）。历史建筑的魅力在于可以从不同的距离感受艺术，既有丰富的远景，也有精致的细部可以让人驻足欣赏。建筑学家梁思成指出，中国建筑无论外表如何雄伟，“木质楹柱与玲珑窗户”都是立面上重要的构成元素（梁思成，1954）。西方建筑也有类似精巧的装饰或空间处理。现代建筑中一些建筑师也传承了这样的做法，在设计中注重近人尺度的细节处理，并且从装饰性需求

① 详见隈研吾事务所网站 http://kkaa.co.jp/works/architecture/yusuhara-wooden-bridge-museum/

② 详见彭哲，周真如，屈张．观貌：四川雅安雪山村历史村落震后重建项目设计．指导教授：庄惟敏，清华大学建筑学院。该项目获得第四届 Holcim Awards 全球可持续建筑竞赛亚太区新生代奖第一名。

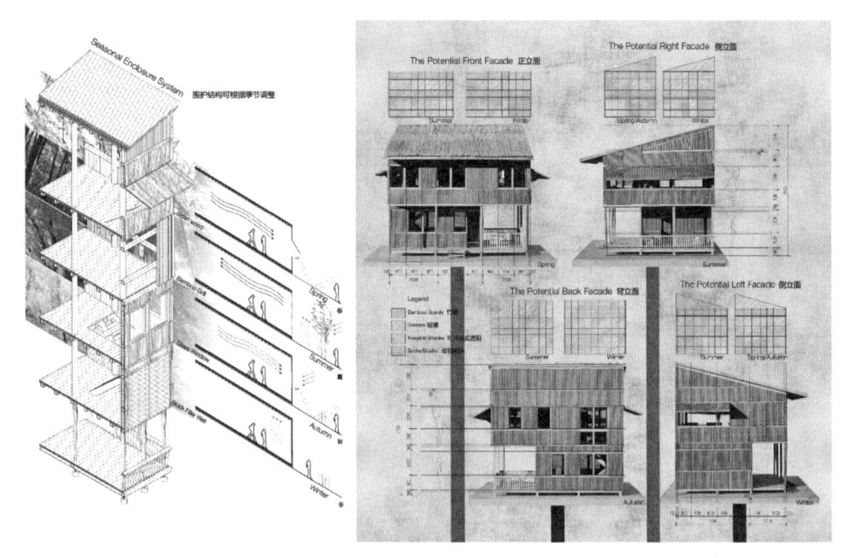

图 4.8 竹屋设计借鉴传统建筑形式，同时考虑气候变化的被动式生态策略

（图片来源：自绘）

向建构的意义转变，例如卡洛·斯卡帕（Carlo Scarpa）设计的威尼斯欧利维蒂展示中心（Negozio di Olivetti），建筑入口位于圣马可广场的连廊下，远看是整体性很强的矩形石材的组合，走近则可以看出材料交界处的节点处理以及橱窗玻璃上方巴洛克意象的拱券，斯卡帕希望通过这些细部来唤醒对日常所见的材料和空间建构多样性的思考（Beltramini，2007）。

图 4.9 欧利维蒂展示中心将材料和古典的装饰元素重构成新的建筑立面

（图片来源：自摄）

体现建筑近人尺度的构想可以有多种方式，从材料、构筑物、标识性、文字、互动等方面，需要强调的是，引入这些构想的目的是为了让人能够停留，并感受建筑传递的文化信息，例如一些历史建筑室外的矮墙或凹壁（alcove）都是很受欢迎的空间。笔者在一次与挪威卑尔根建筑学院（BAS）的合作中，对上海老里弄中的公共交流空间进行了调研，虽然多数历史建筑中都有内天井，但大多数居民的活动还是集中在自家门口或弄堂口的条凳上，这次调研的负责人赫斯文（Svein Hatley）教授认为，历史环境的改变（指有机的改变）是由这些行为和蕴含其中的文化背景推动，任何新的介入也应该鼓励并包容相应的行为使之继续发展[①]。因此，历史环境的建筑策划需要发现这些细节，并将其作为一种策划构想。例如，调研中提到的靠近入口处的座位设置是一个简单的细节。环境行为学者发现一个有趣的现象，人们并不希望直接卷入街道活动，但人们喜欢关注街道上的活动，以获得外界的直接感观，与此同时，他们又希望能够得到某种庇护，可以使自己方便地退回自己的领域。因此，位于私人领域边界的座位就成为有意义的空间，这种空间经常出现在一些历史建筑上，有时是以可以坐的矮墙（sitting wall）形式，有时就是入口处简单的条凳。当前的建筑中往往更喜欢采用简洁的立面处理，例如落地的玻璃窗和干净的大石墙面，以体现整体性和雕塑感，然而这样做的后果是减少了行为活动的丰富性，以及建筑的亲切感。综上所述，在策划中提出与细部相关的构想主要有两点目的：

- 建筑细部带来的手工艺感更加符合历史环境的建筑特征；
- 对于体量较大的新建项目而言，建筑细部可以使其显得更加精致，减少体量带来的视觉压迫感。

以柏林的新建项目为例，德国在战后为了解决住房紧缺问题，振兴经济和地区发展，展开了国际建筑展（Internationale Bauausstellung，简称 IBA）。IBA 在柏林城区的项目有许多是在历史地区中的新建项目，规划和项目策划者约瑟夫·克莱修斯（Josef Kleinhues）希望建筑师能延续柏林传统的城市空间，并重构传统建筑语言[②]。

① 详见同济大学与卑尔根建筑大学上海苏州河沿岸调研，指导教授赫斯文，季铁男，2007。赫斯文的老师是波兰著名建筑师奥斯卡·汉森（Oskar Hansen）。汉森是 TEAM X 的成员之一，他主张开放形式（open form），强调事件和实践因素对空间发展的可能性，避免过于按照既定规则使个人的情感需求被束缚在封闭的形式中。赫斯文也继承了他这一理念。

② IBA 在历史街区的插建项目有很大一部分集中在柏林克洛依茨贝格（Kreuzberg）地区，克莱修斯为此制定了重建计划和措施，包括“批判性重构”“谨慎更新”等原则，希望参与 IBA 的建筑师在尊重原有城市格局的前提下，通过各自的理解增强城市的艺术性。下面将要介绍的里特大街项目就在这一地区。

在他提出的设计策略中，除了对城市肌理的修补，也提出了对建筑细部的构想，他提出建筑应体现丰富的符号语言和人性化的空间，以区别以往整齐划一的理想城市（李振宇，2004）。这些想法可以看作是在前期策划阶段的构想，而 IBA 的一些项目也很好地体现了这一想法。例如霍伯・克里尔（Rob Krier）设计的里特大街北区项目（Ritterstrasse Nord），设计遵照了克莱修斯提出的构想，由四个小院落组成的住宅体定义了小尺度的街区划分，同时在砖砌的入口和转角处形成丰富有趣的细部，连接起新的庭院与传统街道空间。在这一地区的许多建筑上都能够看到这种经过精心设计的细部。学者黛安・吉拉尔多（Diane Ghirardo）在他的研究中，将克莱修斯在克洛依茨贝格的构想与 IBA 斐特烈大街（Friedrichstrasse）的一系列项目作比较认为，与前者营造的生动亲切的城市氛围相比，后者显得对城市过于冷漠和不明场所（Ghirardo，1996）。一部分原因是因为斐特烈大街的项目过于注重建筑师的个人标签，而忽视了前期提出的这些细节要求。笔者在柏林实习时曾多次走访过IBA项目的几个主要区域，也直接地感受到克洛依茨贝格街区的艺术美感和空间丰富性，从露天的活动与日常交往都能看出传统城市生活的魅力。因此，在策划的实体构想中，不仅需要关注建筑整体的体量与形态的塑造，也需要重视新建建筑近人尺度的细节，以更好地体现历史环境的人文精神。

图 4.10　左图为海因里希・巴勒（Heinrich Baler）在克罗依茨贝格设计的 IBA 公寓，右图为克罗依茨贝格某公寓砖雕细部

（图片来源：自摄）

本节小结

本节主要从建筑实体的层面，研究了建筑风格构想和建构构想两方面内容。建筑

的实体表达在策划中可以有多种方式，从上述案例中，可以看到建筑师如何将自己对历史环境的理解融入设计，并体现在建筑的外观与形态上。但同时也能看到，许多新建项目仅仅注重个体的完善性而忽视了与环境、活动者的交流，建筑策划操作模式的引入，可以在一定程度上改善这一问题。本节所提出的若干实体构想，有助于历史环境这一限定因素更好地与设计相结合，创造更加人性化和富有文化内涵的建筑项目。

4.4 历史环境新建项目的空间策划构想

空间构想与主观性的空间设计不同，建筑策划强调空间组织与形式的科学性，根据设计条件来确定空间特征，即空间生成的概念（庄惟敏，2000）。策划中的空间构想是对抽象空间（abstract space）的研究，即抽象化和普遍性的内容，并通过定性与定量分析确定最佳的空间模式。空间构想与让·皮亚杰（Jean Piaget）提出的空间“演绎（deduction）”概念相一致[①]，即将空间构想通过数理分析，抽象成为要素模型或关系图示，再由建筑师转化成为丰富多样的空间。对于建筑策划而言，传统的空间构想主要针对使用功能，而对于历史环境新建项目来说，如何营造特色空间以体现文化价值也是值得思考的问题，本节将从三个方面对此进行探讨。

本章关于历史环境新建项目的空间策划构想研究　　表 4.4

历史环境新建项目的空间策划构想		
研究范围：建筑内部功能和空间		
构想类型	构想内容	策划案例
使用功能构想	● 功能置换 ● 共有领域空间 ● 交流空间	赫什伯格，路德会教堂，凤凰城 山本理显，江南区集合住宅，首尔
特色空间营造构想	● 历史空间重构 ● 与环境的对话 ● 光的空间	卒姆托，科伦巴艺术中心，科隆 康，耶鲁大学美术馆，纽黑文 SOM，斯特兰德剧场，旧金山 让·努维尔，卢浮宫美术馆分馆，阿布扎比

4.4.1 使用功能构想

使用功能构想是策划中最基本的构想内容，佩纳在问题搜寻法中给出了一些普适

① 皮亚杰认为空间是通过几何学演绎操作形成的。从几何学概念看，策划的空间构想也是对距离空间、放射空间等基本构成的演绎得来。

性的功能构想，例如内部关系、可达性等，同时也提出了一些混合流线的概念，通过在公共空间进行多方位和多目的性的交通设计，适当增加不同人群的见面机会（Pena，et al.，2012）。库姆林则在他的书中讲起一系列与功能相关的问题，包括容量、灵活性、流线、舒适度、便捷性、经济性等，这些问题可以激发策划团队进行思考和回应（Kumlin，1995），通过这一清单可以帮助策划者与业主、使用者交流，梳理出关于使用功能的构想。为了使该过程更加高效，策划者需要提前筛选相应的议题。而对于每一种类型的建筑而言，都有相对重要的且出现频率较高的问题，这就需要通过策划者的经验来判断。本研究从一些比较成功的策划案例中，总结出以下几点适合于历史环境新建项目的使用功能构想。

功能置换

第一种是空间的功能置换，这也是许多改建类项目最常见的处理方法。越来越多的建筑师开始重视原有历史建筑的新改造，并为其注入新的功能，从早期的工业厂房改造到一般住宅、办公楼甚至废弃的铁路、工业设备等多种形式的处理。与推倒重建相比，功能置换有着多方面的意义。首先，既有建筑改建是对历史环境的最小化干预，特别是对于一些带有明显风格特征的建筑，保留原有建筑可以更加直观地体现传统建筑形式与当前工业化建造风格的对比，弗兰普顿认为，新旧建筑的混合是对当今冷漠的技术美学的一种反思（Bollack，2013）；其次，从可持续发展的角度，改建可减少大量的建筑材料使用，延长建筑的实际使用寿命；最后，从成本效益上看，改建项目节约了土建成本，减少了施工时间，一些项目重新设计的外围护结构也可以减少使用过程中的能源消耗。建筑策划中倡导对既有建筑进行改建，佩纳在问题搜寻法中提出，既有建筑的改造概念可作为一项基于经济和时间的构想，以适应新的活动需要。他认为除了最基本的功能组织，在策划中应重点解决以下几个问题：

- 功能置换与原有建筑的容量关系；
- 通过新旧对比创造独特的审美体验；
- 新的功能带来的潜在的结构和技术问题。

以功能置换为构想的一个成功策划案例是赫什伯格参与策划的美国凤凰城路德会教堂（Lutheran Church，Phoenix），该项目位于一片历史风格的住宅区中，场地上已有一栋古老的红色砖墙住宅，高高的顶棚和古典式的开窗给人以精致的历史感。业主希望将这一住宅改造并扩充成为一座教堂，作为社区礼拜和教育场所（Hershberger，

1999）。赫什伯格对新的建筑功能进行了梳理，在住宅中加入了办公室、图书馆、卧室、起居空间和学习室，扩建部分位于建筑的后侧，包括礼拜堂和一个小的交流空间，原有布道室旁种植的一排果树为教堂新的入口增添了仪式感。在结构上，新的礼拜堂采用了与原有建筑相似的屋架体系，两侧的高窗为教堂提供采光，原有建筑的门廊采用厚墙承重，形成富有韵律感的过渡空间，新建项目延续了这做法，并与原有的门廊连成一体。作为一个由住宅改建的教堂，赫什伯格希望新的空间能延续原有住宅空间的特征，他在礼拜堂中采用了住宅中使用的白色粉刷墙面，圣坛的设计也与原有家具采用了同样的木质材料，显得亲切自然。赫什伯格的这一策划很好地体现了上述功能置换构想的三个要点。

共有领域空间

第二种逐渐受到关注的功能构想是共有领域空间。在我国保存较好的历史街区中，无论是在北方或是南方，行走在普通百姓居住的街巷中，经常可以看到几户人家的私有领域之间，存在着一些共有空间供居民使用，从中也可以感受到邻里之间的和睦氛围。而相反，新建的很多房屋对于近邻都是封闭的，在通向各家的楼梯和通道处都安有铁门和防护网，缺少生活气息，也将空间分隔得支离破碎。这一现象主要是由于许多房屋产权关系复杂，加上大量临时性租户带来潜在的治安隐患所造成的。可以预见的是，随着固定居民数量的增加、居民老龄化和对邻里间人际关系的重视，新建项目的策划中将会考虑如何增强邻里空间的功能联系。日本在城市发展过程中经历了相似的问题，对此，日本建筑师也是著名建筑策划学者铃木成文提出了“共有领域”[①] 的概念，共有领域并非完全意义上的公共空间，而是属于特定范围的使用者私人空间的交叠部分（铃木成文，1999）。铃木成文认为，共有领域的形成与邻里的交流是相辅相成的，他从策划的角度构想中提出了构建共有领域空间的三个要素：

- 在住户周围一个产生活动或视线上的交流空间，作为共有领域；
- 促进交往活动使住户领域范围变得更大；
- 提高住户对外界的识别性和防范性可以使建筑进一步开放。

① 领域是建筑策划研究中的一个重要概念，是指在个人生活空间中可以日常使用并管理其他行为的空间范围，增强各个孤立领域之间的联系是建筑策划协同模式的一项内容。关于领域这一概念的其他相关内容详见日本千叶大学小林秀树团队的研究。

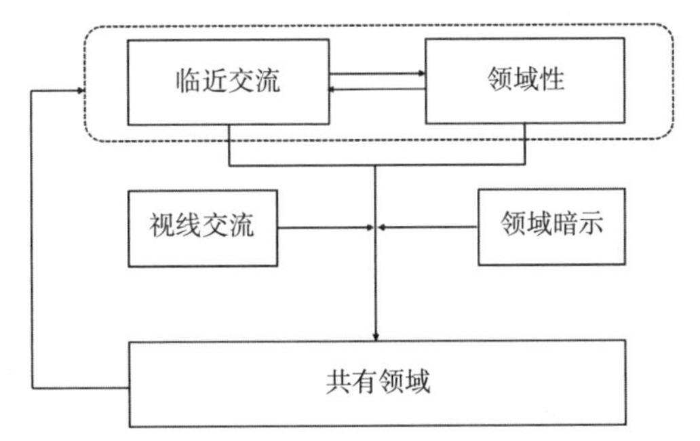

图 4.11　铃木成文的共有领域理念有助于保持邻里间的交流
（资料来源：根据高桥鹰志，EBS 组 . 环境行为与空间设计 [M]. 2006 自绘）

在新建项目中，建筑师通过各种方式实现共有领域空间这一构想。例如将起居室南侧外设为公共通道，为保证住户的私密性，起居室比室外通道高 60cm 左右，并通过种植花木的露台遮挡，住户在自家起居室或阳台就可以与往来通行的邻居交谈，这些做法都有助于加强共有领域。铃木成文也通过研究发现，拥有共有领域空间的邻里间的关系，比传统的单元式住宅的更加融洽。

交流空间

与公共领域空间构想类似的还有交流空间构想。日本建筑师山本理显在一个“交流空间模型（Community Area Model）”的概念设计中，对居民共有领域的空间形式和组织方式进行了探讨。山本理显认为，长期以来基于家庭自主性和封闭性，形成的“一房一户”的基本制度已不再适应时代的发展,封闭的住房容易造成社会的隔离，也有许多家庭因自闭的环境产生许多内部矛盾。因此，山本理显希望加强交流空间的设计，并鼓励各种小规模功能的综合，例如商店、餐馆、办公、幼儿园、公共客厅等（Yamamoto，et al.，2013），从这些微观体系入手重新组织人与人的社会关系网，山本理显也将其应用在首尔江南集合住宅（Seoul Gagnam Housing）等设计项目中①。山本理显的这种思想也可以应用到历史环境的建筑策划中，通过交流空间的引导，改变现有单调的封闭式居住环境，将居住功能和历史环境更好融合。从上述的建筑实例中，可以总结出策划过程需要注意的两点内容：

- 由开放空间和围合空间组成的一系列相互叠加的功能②；

① 详见山本理显事务所网站 http://riken-yamamoto.co.jp

② 山本理显认为，以往按照房屋实体划分活动的方法是不正确的，构成现代生活的基本单元应该是多样化的小体块功能区，由开放和围合的空间叠加而成。

图 4.12　山本理显的公共空间理念从微观体系入手重新组织人与人的社会关系网，这对于许多涉及住宅更新的项目而言很有帮助

（资料来源：根据山本理显建筑事务所资料自绘）

- 提供满足不同年龄层次活动的交流空间。

在上面提到的清华大学与耶鲁大学的联合设计中，笔者也应用了这一构想。在对故宫筒子河东侧街区进行调研后发现，这一地区最主要的问题是无序搭建的房屋将整个地块完全填满，缺少面向水面的开阔空间和活动场地。通过对历史上这一地区的空间原形（space prototype）的研究，挑选出了五种适合这一地区的交流空间和对应的居民活动，分别是亭（社会交往）、街（商业交易）、院（民俗艺术）、廊（交通联系）、园（园艺栽培）。设计根据这一地段的历史格局，将这五种交流空间融入其中，激发居民参与社会活动的意愿。在这五种空间中，亭和院是以闭合空间为主，主要面向居民内部的交流活动；街、廊、园是以开放空间为主，意在强调居民与外来参观者的互动[①]。负责本项目的耶鲁大学普拉特斯教授认为，在历史环境中，活动性的展示比建

① 详见笔者参与的清华—耶鲁联合设计：Zhang Qu，and Ruoxing Li. The Regeneration of Nanchizi Historic District in Beijing [R]. Tsinghua University，2011. 指导教授朱文一，Allan Plattus。

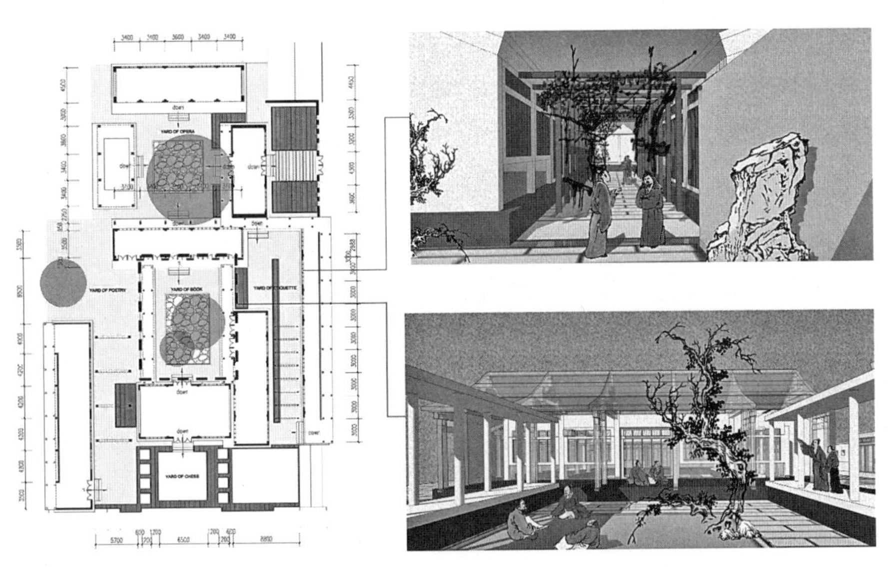

图 4.13　在与耶鲁大学合作完成的故宫筒子河东侧地段更新中，笔者所在的策划团队从传统日常交流活动中寻找空间原形，应用于更新项目的公共空间

（图片来源：自绘）

筑实体的展示更有价值。这种交流空间的构想使游客能够近距离地了解历史环境中的居民生活，这也有助于体现历史环境的真实性。

4.4.2　特色空间营造构想

策划中的空间构想并非只能遵循传统空间模式，也需要创造出具有明显识别性和空间特色的建筑。有许多文献介绍了成功的策划和设计案例，本书主要研究传统空间重构、对话环境以及光的空间这三种营造特色空间的构想。

历史空间重构

首先，对传统空间进行重构是建筑策划中所倡导的空间营造方式之一。建筑本身是一种地域性的产物，是对于所在环境的改造和适应，也产生了空间上的延续。而全球化带来的新材料和新技术给建筑空间带来了更多的可能性，使建筑空间可以突破环境的限制自由发展，但这也一定程度上造成了空间的趋同。比如在我国南方的许多传统建筑中，天井和外廊的设置既可以提供内部的采光，也是重要的通风设施，但随着照明和空调系统的使用，全封闭式的房屋也可以满足居住的需求。因此，在历史环境新建项目的设计中，面临的问题是如何在新的设计条件下延续原有的空间记忆，这就需要对传统空间进行创造性的重构。许多策划者和建筑师都在这一领域进行着探索，笔者在案例收集和实地的调研中发现两种主要的构想方法。

一种方法是提取历史空间的原形，并通过材料的变换营造出新的空间效果。这样的空间处理呼应了原有的形态，并在材料上产生历史与现代的对比。例如卒姆托设计的科伦巴艺术中心的遗迹大厅。卒姆托将因战争损毁的哥特式教堂的残垣断壁以及考古发掘的中世纪遗址重新纳入一个空间中。展厅空间幽暗深沉，墙面一部分是原有教堂的立面片段，一部分是现代材料砌筑的墙壁与孔洞。细长的钢柱外包素混凝土，体现出高耸的长细比，加上光线从空洞中透过，在墙上形成细密的光斑，让参观者仿佛置身于中世纪的教堂之中。正如该项目的天主教会所言，“科伦巴是被收藏在博物馆中的教堂”，因为它将历史的空间抽象地还原在现实中。还原空间的另一重意义是对城市的作用。科伦巴艺术中心所在的教堂最早修建于罗马帝国时代，以后经过数度翻修，是科隆市民最重要的礼拜场所。卒姆托认为，建筑是生活的容器和背景[①]。他的设计虽然是新建，但重新恢复了这一古老而神圣的场所，让城市的生活在历史空间中得以延续，也成了人们反思历史的地方。

图 4.14　科伦巴艺术中心不仅将历史建筑遗迹作为新建项目的一部分，而且将原有建筑的历史氛围带入其中
（图片来源：自摄）

另一种方式则是侧重于历史空间的精神传达，通过设计进行解构与重组，表现出相似的空间感受。例如康设计的耶鲁大学艺术展览馆（Yale University Art Gallery），将新的建筑形式与传统的空间感受很好地结合在一起。康的这座艺术馆紧邻依格顿·斯沃伍特

① Zumthor，Peter. Thinking Architecture[M]. Basel : Birkhäuser Architecture. 1997.

（Egerton Swartwout）设计的老馆，康发现许多现代建筑缺失了历史建筑的纪念性和精神层面的品质，这也成为他在这一项目中重构空间的理念。在美术馆中，康突出了空间的纪念性和仪式感，矩形、圆形和三角形的几何体块体现出经典的空间美学，同时能够满足现代艺术展览的要求。三角形梁盖的重复使整个建筑显得精致而厚重，不同于现代建筑所表现的轻盈质感，大理石台阶严谨的拼缝也让人感觉到古典建筑的细节（McCarter，2009）。康认为，传统是在创作时能够让你明白该保存什么的预知力量。同时，从这一建筑的前期策划中，可以看出空间构想与结构形式的一致性，三角形模块的使用减少了结构质量，为大跨度提供了可能性，也将所有的管线藏在其中，塑造纯净的空间效果。笔者在耶鲁大学交流时曾两次参观这座艺术馆，并采访了一些在馆内工作的人员，他们表示这是一座低调的建筑，“内部的空间很精致”“没有很张扬（aggressive）的形式”，特别是与对面保罗·鲁道夫（Paul Rudolph）设计的粗野主义的混凝土建筑相比，康设计的美术馆更加接近历史建筑带给人的空间感受，但又通过现代建筑的方式表达出来。通过上述分析可以看出，历史环境新建项目空间重构的两种可能：

- 提取传统空间的原形，并通过材料的变换营造出新的空间效果；
- 通过设计进行解构与重组，寻找与传统建筑相似的空间感受。

事实上，传统建筑和空间也在进行着不断的演变，建筑师通过吸收现代建筑设计的美学价值观，形成了新的建筑表达。例如日本建筑师篠原一男在他的作品中对日本传统建筑进行提炼与表达，他所设计的“白之家”和“花山住宅”，用一个传统结构内部的白色立方体，以及偏心柱对传统结构的暗示，将传统空间从实体中抽象出来①，用纯粹的语言表达出来，这种创新发展的思想被后来许多日本建筑师所继承。建筑策划也在自己的领域推动着这种发展，从佩纳到赫什伯格，始终是持鼓励创新理念，反对墨守成规的设计。正如丹下健三所提倡的，从否定传统形式的定式获得创新的动力。这种破与立的辩证的统一推动着建筑不断进步。

与环境的对话

策划构想中另一个关于空间的内容是与环境的对话。无论在东方建筑或是西方建筑，居住建筑或是宗教建筑，都强调与环境的对话，并从环境中获得建筑存在的意义。而对于历史环境的新建项目而言，这种交流也让使用者能够更加直观地感受到历史信

① 日本学者三枝博音认为空间是产生于西方的概念，与东方所说的“无”是有一定区别的。篠原一男认为西方所指的空间需要一种真实存在的实体做依托，他选择用白色盒子对空间进行纯粹意义上的抽象。

息。卒姆托认为，人们可以通过敏锐的感知来感受环境，因此建筑需要引导这种感知，即创造建筑的氛围，例如材料兼容性、空间的声音、空间的温度等。除此之外，卒姆托认为室内外空间本身是有张力的（tension between interior and exterior），这就是一种与外界环境的对话（Zumthor，2006）。在设计中应该思考：在室内想要看到什么？什么时候会在室内？身处其中时对外做出什么样的效果？这些问题也是策划构想中需要思考的内容。如第 2 章中提到的斯特兰德剧场策划，将后场区对外的视线联系打通，使观众在等候厅可以看到街道上的历史建筑和行人活动，也让剧场成为街道景观的一部分。日本建筑师坂本一成认为，有很多建筑策划学（日本称为建筑计划学）的研究把人定义为中性，仅仅通过功能限定的观点是不妥的，应该让生活的主体与空间形成一个整体。他认为空间不是依靠简单的功能标注来定义，而是从环境中获取的差异性决定了空间的属性[①]。因此，对话环境是塑造空间特色的重要条件，在策划中可以有以下这些构想：

- 将环境视为室内空间的一部分进行设计，研究室内与室外的联系；
- 将传统空间中的交流和过渡空间应用于设计中，加强使用者与外界环境的交流。

以隈研吾为例，他在一系列作品中都体现了与环境对话的思想，例如在长城脚下设计的竹屋，用具有中国象征意义的竹子包起来，与周围郁郁葱葱的环境融为一体，人坐在竹屋的客厅，可感受到传统建筑的宁静与隐匿。他在清华大学所作“建筑与环境”的演讲中提到：“建筑的意义不是在环境中凸显自己，而应该在环境中消失，并将思考回归到功能。”在他看来，建筑需要脱离混凝土、玻璃和钢材带来的视觉上的占据，并且应该更多地利用所在环境，更多地采用传统、自然的材料，与自然环境对话（隈研吾，2008）。

例如，隈研吾的另一个作品长冈市政厅正是体现出与城市建成环境特别是与传统街区生活的对话。通常情况下，行政建筑都是大体量的混凝土盒子，并且孤立于周边环境。建筑师认为新的行政中心需要形成公共交流，与人们每日的生活产生更加紧密的联系[②]。这座建筑中，最具特色的空间是一处玻璃屋顶覆盖下的室内广场，玻璃下方的木条板起遮阳作用，像是传统木建筑中打开窗扇与人对话的情景。为了进一步强

---

① 详见：对话坂本一成：认知建筑 [J]. 建筑师，2010（4）.

② 详见隈研吾事务所网站 http://kkaa.co.jp/works/architecture/nagaoka-city-hall-aore/

调这种空间的对话，建筑师在地面的处理上采用了日本传统构造方法“tataki①”，暗示这里是室内与室外的边界，也是两者产生交流的地方。设计通过这些构想连接建筑、自然和传统营造技术的关系，让市政厅成为城市日常生活和传统建筑的延续，消除行政建筑给人带来的冷漠感，成为市民熟悉并乐于前往的场所。

光的空间

德国建筑师托马斯·申克（Thomas Schielke）曾撰写过一系列建筑和光的文章，他认为，历史建筑经常通过不同形式的光影处理，作为象征意义和精神感受的载体，但在当前，越来越多的透明建筑和 LED 装置，改变了光线与阴影的相关性，光影的效果变得弱化②。在上面提到的耶鲁大学美术馆的案例中，康也通过光与影的处理寻找与老美术馆之间的联系。康在美术馆设计之前对古典建筑进行了深入的研究，他将建筑的空间原形回溯到希腊。康在文章中写道：“希腊建筑启示了我，柱是没有光线的地方，而柱间是有光线的地方，一根根柱子带来了柱间的光明，形成了无—有—无—有的韵律。”（Lobell，2014）可以看出，光线是历史环境新建项目塑造特色空间的重要手段，但在现有的建筑策划框架中，无论是佩纳还是库姆林所罗列的策划构想，光线只是作为一种照明需求，并没有将其作为空间设计的手段。笔者认为关于光的空间有以下作为策划构想的可能性：

- 通过光线限定空间，创造具有识别性的空间体验；
- 将光线的设计与建筑的结构形式或表皮处理相结合，将传统转译到动态的立面上。

这其中，通过光线创造空间体验在许多历史建筑中均有所体现，西方建筑的光空间来源于宗教建筑如神庙和教堂，通过强烈的明暗对比隐喻神圣和希望（王贵祥，1998）；而中国传统建筑对光的表达则较为含蓄，例如在住宅的内院中，通过映照在白墙上的反射光暗示未尽的空间，而“粉墙花影”也是中国古典空间的写意表达，这些处理手法都可以作为新建项目的借鉴。

通过光线限定空间需要相对封闭的环境，因此主要出现在一些规模较小的建筑上，例如笔者在韩城市基督教堂的设计中，用传统青砖砌筑形成镂空的十字图案，在室内较暗的大厅中可以看到光线从十字图案中穿过，在中国传统空间形式下通过光线塑造

① Tataki 是由土、泥灰、混凝土，或者相似材料混合制成，通常用在入口通道的地面。
② 详见托马斯·申克在 ArchDaily 网站上的专栏文章 Light Matters。

西方宗教的神圣感（第 5 章中会有详细分析）。而在一些大型建筑上，则更多地通过光线与结构或表皮的结合，使传统建筑的细部特征变得动态。例如让・努维尔（Jean Nouvel）设计的卢浮宫美术馆阿布扎比分馆（Louvre Abu Dhabi）方案，采用一种伊斯兰地区传统的窗扉形式（Mashrabiyas）。中东地区由于炎热的气候，建筑的窗户经常面朝街道，采用一种可开启的、充满镂空花格的大窗，这种形式使凉爽的空气能够吹进屋内，同时可以透过格子从室内向外观看，而较暗的室内也保证了生活的私密，是一种将文化、技术和光线结合的建筑构件。阿布扎比分馆的项目将窗扉抽象为建筑的表皮，并用金属的网在屋顶穹顶编织出镂空窗的图案，为室内进行遮阳①。通过这些交叠形成的空隙，动态的光斑会随着阳光不断变化，展现出当地建筑独特的光的空间。

将光环境融入策划构想为新建项目增加了空间特色，更重要的是为传统特征的表达提供了一种媒介。除了上述两种方式，还有一些其他借助照明装置塑造空间的可能性，例如以光装置进行投影或动态展示等，这里不再展开叙述。本策划研究中的光构想主要是自然光线在设计中的应用，以联系人们对传统空间中光线的记忆。

本节小结

上述空间构想主要针对历史环境新建项目的特点，结合案例的分析提出若干适合的空间构想，使建筑更好地融入历史环境，并将所蕴含的文化特征传递给使用者。考迪尔认为，策划的最终目的是为人服务的（Caudill, et al., 1984），而空间是与使用者关系最紧密的内容。因此，对于建筑策划而言，充分而合理的空间构想是生成良好设计的基本条件，在此基础上才能探讨设计理念中更深层的意义。

4.5 历史环境新建项目的运营策划构想

运营构想是从城市运营的角度，思考新建项目在历史环境中如何更好地发展。在上面的研究中，场地构想、实体构想、空间构想更多的是从建筑单体的角度研究，是对使用者或参观者需求的考虑，而运营构想则包括项目所带来的经济影响和文化影响。运营环节有时是决定性的，赫什伯格认为，对设计项目进行市场评估和资金规划是设计前期非常重要的内容，如果项目不能适应市场条件，或者自身无法运营，那么无论

① 详见让・努维尔建筑事务所网站 http://www.jeannouvel.fr/fr/desktop/home/#/fr/desktop/projet/louvre-abou-dabi

它设计得多好，也很可能招致失败（Hershberger，1999）。在对历史地段的调研中发现，一些新建建筑由于没有很好地满足城市运营需要，在很短的时间就被迫改建或拆除。因此，有必要在策划构想中加入对城市经济因素和对文化辐射效应的考量和预估。在本节中，将从新建项目的多用途开发和文化触媒两方面，对城市运营构想进行研究。

本章中关于历史环境新建项目的实体策划构想研究　　**表 4.5**

历史环境新建项目的运营策划构想		
研究范围：项目运营以及城市运营		
构想类型	构想内容	策划案例
多用途开发构想	● 文化项目与其他用途的组合 ● 土地整合与交通联系	佩里、肖，现代艺术博物馆，纽约
文化触媒构想	● 区域人流的控制 ● 设计定位的传递 ● 场地认知的创新	怀斯事务所，哈克舍庭院，柏林 巴勒，玫瑰庭院，柏林 科纳、迪勒，高线公园，纽约 莱姆希、巴拉什，下东区地下交通线改造，纽约

4.5.1　多用途开发构想

历史环境新建项目中有很大一部分是文化项目，例如文化中心、博物馆和美术馆等，这些项目由于建筑形式自由多样，又给公众带来了文化和艺术的体验，往往能给地段带来新的活力，例如前面笔者调研的柏林库普弗运河十号美术馆和哈克舍庭院。在我国当前的建筑实践中，这一类项目通常是单独进行开发，缺少与其他开发项目的结合，较少的客流量和单一经营方式往往难以支持项目的正常运营。据统计，我国目前注册登记的民营美术馆和博物馆均超过三百家，然而绝大部分都处于亏损状态，因此需要找到较为合理的运营模式。对于这一问题，美国采用的一种方法是进行文化项目的多用途开发（Mixed-use Development），即将文化设施与其他功能相结合的方式，进行共同开发。这样做的优势在于为文化设施找到了更加商业化的方式，在维持运营的同时，也提升了其他开发项目的价值，是对双方都有利的模式。多用途开发的构想在美国的一些历史环境新建项目中获得了成功。

笔者在访学期间查阅了美国城市土地学会（Urban Land Institute，简称 ULI）的相关报告。该组织于 20 世纪 80 年代成立了专门负责混合用地开发的城市再开发委员会，按照这一协会做出的定义，多用途开发需要具备三个特征：

- 具有三种或更多的能产生大额税收的用途与文化项目相配合，例如零售、居住、办公等；
- 有效整合土地和交通联系，包含不受干扰的行人通行空间；
- 开发须遵守明确的规划要求，如在历史地段中的建筑形象问题。

实际上，这三项内容也是在建筑策划协同模式中，对于多用途开发构想提出的三点原则。下面将以佩里建筑事务所（PCP Architects）设计的纽约现代艺术博物馆（The Museum of Modern Art）为例，对上述三点构想进行分析。

文化项目与其他用途的组合

纽约现代艺术博物馆（简称 MoMA）位于曼哈顿中城区（Midtown Manhattan），这一地区有着许多宏伟的教堂和石灰石立面的历史建筑，也是文化活动最活跃的地区，被认为是纽约甚至西方世界的文化中心。在 20 世纪 70 年代，随着对现代艺术的追捧，MoMA 经历了一段快速发展时期。展品和展览数量迅速增长，以致在当时，博物馆的画廊空间（约 3700m^2）仅能展示其 15% 的展品，而且还有各种学术活动需要占用画廊，因此博物馆开始贷款进行大型的巡展计划。但随着大都会博物馆（Metropolitan Museum of Art）的兴起以及自身前期投入过大，MoMA 面临着不断加大的经济压力并陷入连续的亏损。纽约时报的评论家约翰·卡奈迪（John Canaday）甚至断言："现代艺术博物馆是历史最伟大的博物馆之一，但它已经不再属于现代（Snedcof, 1985）。"

为了改变这一现象，一些人向 MoMA 建议提高展览频率或出售馆藏艺术品等，但这些建议并不合适。最终，顾问委员会成员理查德·温斯坦（Richard Weinstein）根据纽约当时施行的"剧场规划条例①"（NYC Department of City Planning，2011），提出一个富有创新的想法：出售空中权。他的构想是在现有博物馆相邻的用地上新建西侧翼楼，上方为高层公寓，并将这一部分转让给私人开发商。作为一次文化项目建设的全新尝试，这种想法最终获得了政府规划委员会的批准，并带来双赢的结果：MoMA 出售的空中权所获得的大量资金和税收基金保证了其在未来的良好运营，而私人开发商也对能在世界著名的博物馆旁建设公寓充满信心，因为与现代文化力量的结合带有明显附加价值。如今，这座高层公寓已经成了高收入人群品位的象征。

---

① 纽约城市区划法（Zoning Law）规定，如果商业用地中留出合理的公共广场，将获得 20% 的面积奖励。在 20 世纪 60 年代，纽约市长约翰·林赛（John Lindsay）为了保护剧场发展，提出在新建项目中建造剧场将获得同样的面积奖励，这一条例被称为 Special Theater District Zoning。温斯坦当时也参与了这一条例的制定。

土地整合与交通联系

MoMA 的另一个成功之处在于项目不同功能之间的顺利协调，保证了高品质的建筑设计。在这一项目中，西侧翼楼设计是由美国建筑师西萨·佩里（Cesar Pelli）负责，而塔楼部分则是交由查尔斯·肖（Charles Shaw）开发，虽然博物馆与高层公寓在产权上是分离的，但是两者在建设上被看作是一个有机的整体。佩里在他的访谈录中解释了两者的合作：他作为博物馆改建和新增部分的负责人，同时控制项目整体的美学效果，包括塔楼部分的体量和位置，而肖的团队则布置公寓平面和幕墙设计[①]。佩里将塔楼置于地块北侧，这样可以直接地欣赏到由菲利普·约翰逊（Phillip Johnson）设计的 MoMA 雕塑公园。同时，佩里采纳了温斯坦的建议，将原有建筑面朝雕塑公园的后墙改为玻璃墙，使高层公寓可以远远看到博物馆内的展览和活动情况。这一微小变化带来了明显的效果，原有博物馆朝南侧街开门，北侧的雕塑公园作为私密的后花园；而随着新建筑的建成，整个项目的中心向北侧转移，约翰逊设计的花园体验从后院变成了项目的绿色核心[②]。

保证人流通行的顺畅是多用途开发中的重要问题。在交通联系上，佩里设计的玻璃墙以及将游人从底楼入口载往顶楼画廊层的自动扶梯，解决了流通问题，使整个建筑垂直流线变得更加舒适。而他设计的花园大厅连接了老博物馆和西侧翼楼，从这里可以完整地欣赏到雕塑公园。在展厅流线上，佩里把专业人士使用的小型画廊结合起来，将大量参观人流引导向另一侧登上建筑，从而保证小型画廊的私密性。

历史地段的建筑形象处理

MoMA 扩建项目虽然位于高密度的曼哈顿中城区，与通常概念中的历史地段不同，但这里保存着众多 20 世纪初期建设的多层建筑和摩天大楼，带有鲜明的时代特色。因此，这一项目需要考虑建筑的自身形象以及与城市环境的衔接。佩里保留了西 53 街建于 1939 年的南立面外观，并使其和新的西侧厅以及约翰逊设计、1964 年建造的东侧厅相融合。佩里认为，这座建筑的外观必须保留下来。因为这是历史上为重要文化机构建造的首个现代建筑案例，而这座建筑已经被普遍看作是博物馆的象征，这个外观对现代艺术博物馆的意义就像是“《阿维尼翁的少女》[③] 对现代艺术的意义”。MoMA 的扩

① 详见对佩里的采访：Cesar Pelli，Sharon Zane. The Museum of Modern Art Oral History Program，1994

② 详见 MoMA 官方网站 http://www.moma.org/.

③ 《阿维尼翁的少女》（*Les Demoiselles d'Avignon*）是毕加索的名作，被认为是传统艺术与现代艺术的分水岭。

建重新定义了西53街的形象，将建筑、商业、文化结合起来，给城市街道增添了吸引力。

图4.15 MoMA花园及周边环境现状
（图片来源：自摄）

回顾：策划过程要点

MoMA的开发方案涉及金融投资、法律、建筑设计、文化运营等多方面的因素，是经过前期全面的策划研究后得出的，其不仅是多用途开发构想的实践，也提供了一个很好的策划案例，从ULI的档案资料中，梳理了策划过程中的一些要点[①]。

在整体运营方面，项目的设计目标已在前面有所叙述，主要是为了解决运营资金不足和博物馆扩建的持续需要。为此，温斯坦将MoMA新建部分的空中权出售，并将商业部分的税收作为文化资源信托。一方面，世界级博物馆和独立产权吸引到肖这样的豪宅开发商的合作；在另一方面，经过与管理部门和相关团体的不断沟通，MoMA的信托计划最终获得规划评估委员会和州高等法院的批准。时任纽约市长亚伯拉罕·比姆（Abraham Beame）认为，博物馆方面通过这种方式解决财务困难，没有请求市政府资金资助，是一种值得鼓励的运营方式（Snedcof, 1985）。

在建筑设计方面，温斯坦提出，由一条环绕花园大厅循环枢纽连接新建筑和老建筑。佩里沿用了这一想法，并在前期策划中列出了设计需要解决的三个问题：第一，需要将现有博物馆建筑整合进博物馆扩建和公寓塔楼的新计划；第二，需要保护博物

① 详见ULI档案，http://casestudiesarchive.uli.org/

馆著名的雕塑园，还要形成穿过扩建博物馆的流通格局；第三，需要为塔楼建造一座高大建筑，但是不能阻碍花园的阳光。这些需求都在他的设计中予以解决。

在项目施工方面，由于确立了非营利机构与私人开发商合作完成的模式，而两部分建筑是分别独立建设，这对工程管理提出了很大高要求。在策划中，肖与 MoMA 方面就几项内容达成一致：第一，整个项目被分成一个 6 层的博物馆西侧翼楼、一个 44 层的独立产权塔楼、两个设备及转换层，双方将共同制定开发时间和审查设计中的问题；第二，尽管扩建的博物馆设施独立于塔楼之外，在单独的施工图布置下可以更经济地建造特定空间；第三，博物馆对公寓塔楼外部和大厅区域有特定的美学标准，开发商必须满足这些标准。

MoMA 项目是多用途开发构想的一次成功实践，它尝试了多个开发者各自独立地运营和管理项目，又协调做出重要决定的方法。同时，也为建筑师提出了这类项目的设计要点，要求在建筑策划阶段，对文化、美学、运营、管理等方面进行综合思考。

4.5.2　文化触媒构想

在本书第 3 章中，曾提到过以新建项目为文化触媒对于历史环境的积极影响。按照触媒理论的观点，新建项目有助于推动历史环境的发展，但并不意味着任何的项目都能产生触媒效应。美国学者恩斯特・斯登伯格（Ernest Sternberg）通过对能够产生良好触媒效应的建筑进行研究，指出新建项目产生触媒效应的要素（Sternberg，2002），在策划环节，笔者将其总结为五种策略：

- 区域人流的控制性：即项目对于区域人流的吸引和释放能力；
- 设计定位的传递性：即建筑风格和使用功能都对后续项目的策划产生影响；
- 场地认知的创新性：即项目够影响后续项目对场地的认知；
- 公共空间的舒适性：即项目作为一个令人愉悦的公众设施；
- 功能选址的关联性：即项目契合周边地段历史和地域特色。

这其中，前三点对激发地段的触媒反应起直接影响，而后两点有助于后续项目的持续发展和良好运营。在建筑策划协同模式的运营构想中，将主要对前三项内容的作用进行论证。

区域人流的控制

斯登伯格指出触媒建筑最重要的作用是将人流从城市外部环境吸引到建筑中

来，再将人流释放到环境中去，并创造其游览和使用其他建筑或设施的可能性。这一活动将有助于刺激周边地区的土地使用和建筑开发。他以商业建筑中的“主力店（Anchor）”作为类比说明触媒的作用（Sternberg，2002）。在商业综合体中，零售店通常呈带状分布，两侧为主力店。这种布置有助于吸引人流在前往主力店的过程中光顾沿线的店铺。触媒建筑对周边地段有着类似的影响作用。因此，作为触媒的文化项目因为其展示功能必须正确选址，研究其对人流活动途径的影响，在触媒建筑与周边建筑或设施之间建立直接的联系。

以前面提到的哈克舍庭院为例。该项目位置优越，是从博物馆岛到亚历山大广场的必经路线，也是从轻轨哈克舍市场（S-Bahn Hackesche Markt）出来的第一个集中商业区，其独特的建筑艺术特色和特色小店吸引了众多游客的参观。此外，这一地区规定了一定数量的居住和办公比例，因此无论是白天还是晚上，工作日还是周末，这里都是参观和娱乐消费的热点地区。

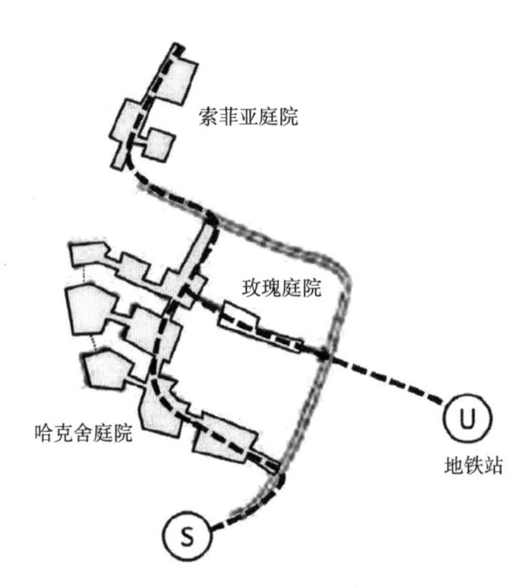

图 4.16　三个庭院在原本不规则的街道路网中形成一条新的路径
（图片来源：自绘）

哈克舍庭院除了吸引人流，更重要的作用是起到了人流疏导的作用，以带动周边地段的发展。哈克舍庭院一共有三个出入口，其中一个对着街转角的城铁站，一个通向另一个庭院建筑，还有一个出入口开在索菲亚大街上——这个出入口十分重要。从这一出口出来的人，一部分会沿路向东返回到于罗森塔勒大街上，而另一部分人会选择继续沿索菲亚大街向西走一小段，穿过另一个与哈克舍庭院相似的“索菲亚庭院（Sophienhof）”，这里也有几家精美的小店和餐厅。笔者曾在位于索菲亚庭院的 Henn 建筑事务所实习，并对这一地区的路径和人流方向进行调研。笔者发现，多数游客从哈克舍庭院出来后，会沿索菲亚庭院继续穿行，形成一种新的路径。哈克舍庭院和索菲亚庭院作为两条重要的商业走廊，在原本不规则的街道路网中形成一条捷径，引导人流通向施潘道区西片和车站。而这条新通道的沿线也逐渐发展起了新的商店和餐厅，一些背街的小路也逐渐热闹起来。

设计定位的传递

一个有特色的建筑触媒能够影响周边项目的设计定位。其建筑风格和使用功能都对后续项目的策划产生影响。新建项目，特别是文化项目有助于塑造地段特色，吸引参观者，也通过文化影响力引导周边开发项目，共同塑造周边地段形象。在功能上，新建项目可以通过展示和游览功能，促进周边其他餐饮、办公、居住等功能的配套服务，这些都会对周边项目的功能定位和设计产生影响。因此，为实现项目的触媒效应，形象和功能的定位是重要因素。

图 4.17　哈克舍庭院通过创意产业和独特风格成为柏林历史环境更新的范例

（图片来源：自摄）

在形象定位方面，哈克舍庭院虽然是改造项目，但并不是简单的修复，而是在现有的立面基础上，局部将曾经很有特色的屋顶部分添加进去，并用现代建筑语言加以转译，恢复了拱形的窗户和檐口；加大坡屋顶的角度，使原有的五层建筑变成了"四层+阁楼"的形式，更加接近原有的屋顶形式，也消解了建筑的体量；通过材质变化重新划分立面，恢复了折中主义的建筑风格。这种外部古典、内部具有强烈艺术特色的处理手法也在周边其他的开发项目上使用。如紧邻哈克舍六号庭院的"玫瑰庭院"（Rosenhof），由德国建筑师海因里希·巴勒（Hinrich Baller）设计，他的作品以弯曲的铁艺造型而出名，玫瑰庭院的铁艺结合玻璃和植物，创造出时尚而奇特的庭院空间。这种处理手法在这一区域的其他一些庭院中均有体现。例如上面提到的索菲亚庭院，也在内墙面上有意体现出新旧材料的对比。

功能定位方面，在施潘道地区的更新中，功能混合一直是严格要求的内容，特别是居住功能的重要性。因为只有保证居民数量，才能维持地段活力，同时使工作、居住的整合成为可能。哈克庭院的混合比例是设计师、开发商、当地居民、业主在前期策划阶段经过协商一致后得出的。商业占20%，办公和居住各占40%，其中商业以文化创意品为主，并限制了酒吧、餐馆以及娱乐设施的数量，使各种功能维持在一个适当的比例。这一规定保障了庭院中原有的生活得以延续，而不是变成一个纯粹商业化的项目。随着居民和游客的增加，周边一些项目则根据自身的情况（包括产权和建筑容量）发展出各种商业零售、餐饮、电影院，而一些较大的庭院还被教育机构如歌德学院所使用。从整体上看，这些功能相互补充并产生集聚效应，商业和文化特色相互呼应，进一步带动了街区的发展。

场地认知的创新

触媒建筑能够影响后续项目对场地的认知，特别是对现有场地中废弃的历史建筑或景观重新加以利用，使其展现出新的价值，会使得潜在的投资者更加有信心并在后续项目中效仿。对于历史环境新建项目来说，一方面对现有的城市资源和建筑加以利用可以很好地延续城市记忆；另一方面，创新性地认知场地，将其中的不利因素或不被重视因素转化成可利用的设计元素，可以使得项目的设计更加契合场地，也有利于合理分配城市资源，为周边项目的发展创造条件。

创新性认知的一个知名案例是纽约高线公园（Highline）。该项目由美国景观师詹姆斯·科纳（James Corner）主持。高线公园将废弃的高线改造成为一个新的城市公共开放空间，对城市的美化起了很大的作用（James Corner Field Operation，Diller Scofidio + Renfro，2010）。过去，铁路线两侧往往是城市中的消极空间，环境较差，且容易产生各种治安问题。高线的成功改变了人们对切尔西区环境衰败的印象，也代表了新的艺术区的文化创意形象。高线的设计也影响了其他更新项目对城市中废弃运输线的认识。在纽约，“低线公园（Lowline）”成为新的话题。低线公园位于下东区地下的威廉斯堡桥电车站，荒废数十年且早已被人遗忘。青年建筑师詹姆斯·莱姆西（James Ramsey）和丹·巴拉什（Dan Barasch）受到了高线公园启发，希望将这一地下交通线改造成公园。方案设想利用光导等技术将地面上的阳光导入地下，使地下公园获得足够光线以支持植物的光合作用。这一项目希望缓解下东区面临的绿地严重不足的情况，受到了当地社区的支持，并在其中一段展开了试点工作。

图 4.18　高线公园提供了一个将城市中废弃运输线转变为历史景观的参考案例

（图片来源：自摄）

本节小结

从上述案例中可以看出，合理的运营构想对于项目起着关键影响。本节从多用途开发和文化触媒这两方面，阐述建筑策划协同模式中运营构想的具体设计策略和意义，这些策略来自于建筑策划、设计和城市设计理论，并通过成功的实践加以验证。在这些案例中可以看到，良好的运营有助于项目的持续发展，有助于带动历史环境中自下而上的更新，也更容易被使用者以及周边生活的居民所接受。另外，对于建筑策划的研究而言，上面所涉及的场地、实体、空间多为静态思维，大多是针对项目完成后的状态进行构想。而运营构想更多地需要动态思维，思考项目在进行过程中的可能出现的问题，并提出解决策略，使策划构想环节更加适应实际项目的需要。在下一节中，将通过笔者参与的策划实践，具体说明策划协同模式中策划构想的内容与作用。

4.6 实践案例二：开封刘家胡同文化展示中心的策划构想

4.6.1 项目概况

刘家胡同文化展示中心（胡同会馆）项目位于河南省开封市。开封历史悠久，有着丰富的文化遗存，著名的《清明上河图》正是描绘了当时北宋开封（东京）的繁华景象。同时，开封也是一个文化多元的城市，在老城区内的许多居民是天主教、犹太教和穆斯林教徒，因此在这一地区也可以看到各具特色的宗教建筑。本项目基地刘家胡同位于开封市的老城区，其中保留有全国重点文物保护单位刘家大院，也是辛亥革命女志士刘青霞的故居。文化会馆项目基地在刘家大院的东侧，作为展示古城文明和当地文化传承的平台。

4.6.2 功能定位与业主要求

按照地段保护要求，该建筑高度控制在地上两层、地下一层，总高度小于11.5m。新建项目必须延续历史环境肌理，其中刘家大院作为文保单位需要完整保留，并充分展示原有建筑。新建建筑需要在高度、质感、形式上考虑与周边历史建筑的协调。该项目建筑面积不超过4500m^2，具体功能可灵活分配，在策划沟通中，业主表达了以下两点功能要求：一个可划分多个空间及多种展示方式的展示厅，以及在室外结合建筑设置的场地，以满足临时展览、集会、群众舞台、信息服务等功能。为了更好地让参观者在游览过程中感受到历史环境所积淀的传统文化和建筑特色，也为这一地区的居民提供文化活动的场所，项目团队首先进行了策划，在本节中，主要就策划的空间构想部分进行说明①。

① 详见：屈张，杨澍．胡同会馆：开封刘家胡同文化展示中心策划及概念设计．清华大学建筑学院．

图 4.19　胡同会馆项目周边概况及概念设计图
（图片来源：自绘）

4.6.3　策划构想

（一）肌理反转

由于拟建的文化会馆体量较大，又紧邻刘家大院，因此需要将其分解成小体量建筑，以融入历史环境肌理。该项目与上面提到的故宫筒子河东岸的项目不同，后者虽然也是在建设情况复杂的居住区进行更新，但原有街区格局仍较为清晰，而本项目原有的城市肌理已经无从考证。项目基地上现有数十栋民宅，为单层砖结构建筑，其中许多为私自搭建的平房，现状条件较差。策划以使用者对空间的认知为出发点。比尔·希利尔在《空间是机器：建筑组构理论》中认为，人们可以通过空间组构，从已获得的局部信息中实现空间认知（希利尔，2008）。对于生活在这里的居民而言，该地段的空间认知是通过一系列空间片段进行组构形成的。也就是说，要想理解复杂的历史环境，必须首先感知不同空间之间的关联。而串联起这些片段的是道路与院落空间，由此形成直观的空间感受。因此，策划提出肌理反转的构想，将原有道路和院落空间转换成新的空间，并对原有的空间组团进行划分，形成新的建筑。通过对胡同空间的转译以及对原有建筑意象的表达，使建筑和谐地融入环境中。

（二）特色空间

该项目空间策划的另一个概念是特色空间营造。对于胡同中的博物馆而言，展品

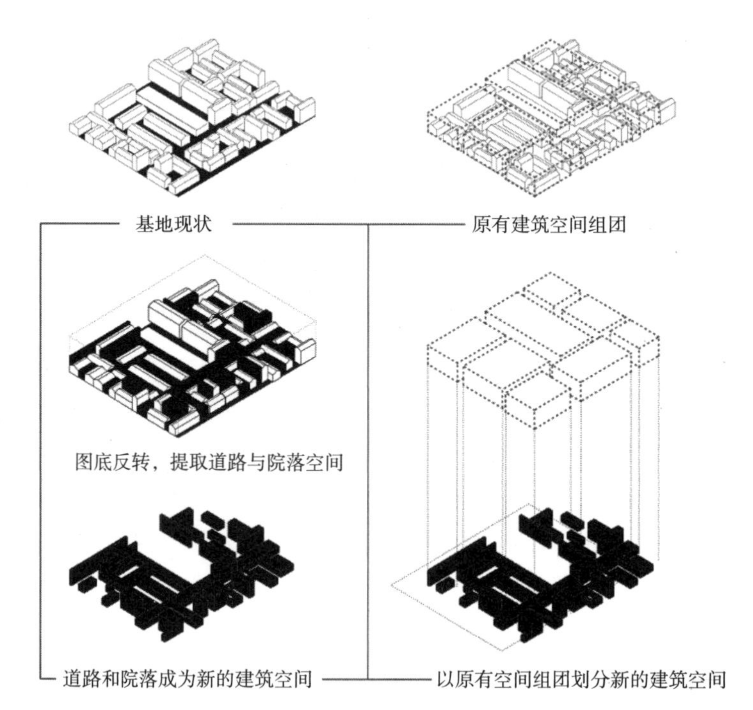

图 4.20　空间构想提出肌理反转的概念，通过道路与院落空间对历史环境重新进行组构
（图片来源：自绘）

的展示只是其中的一部分内容，而更主要内容是将周边的历史环境当作展品，将活化的、动态的生活展示出来。例如安藤忠雄设计的大阪司马辽太郎博物馆，设计围绕作家司马辽太郎生前最喜欢的两件事展开：一个是在书房阅读，建筑内部形成一个三层通高的展厅，里面的书架上摆满了其一生的藏书；另一个是在树林中冥想。弧形的玻璃外廊可以完整地看到外面的树林，为避免大体量的新建筑对邻居们的影响，建筑仅在树木的掩映中露出简洁立面，而且更注意建筑与外部环境保持的对话关系。安藤忠雄认为，在建筑设计中，文化、历史脉络以及个人的生活体验都会被感知，并注入自己的意志，升华出综合的表现形式。这一过程也是策划构想所进行的工作。在胡同会馆的项目中，需要对体验型活动进行组织。具体包括以下内容：一是在中心设置室外场地并添加座椅和遮蔽，既作为临时展场，也为周边居民提供日常活动的广场；二是在高处设计一些面向周边的平台，使胡同本身成为展品；三是保留原有胡同中的街旁绿化，保持亲切的界面，用景观串联新建项目与周边环境的流线。

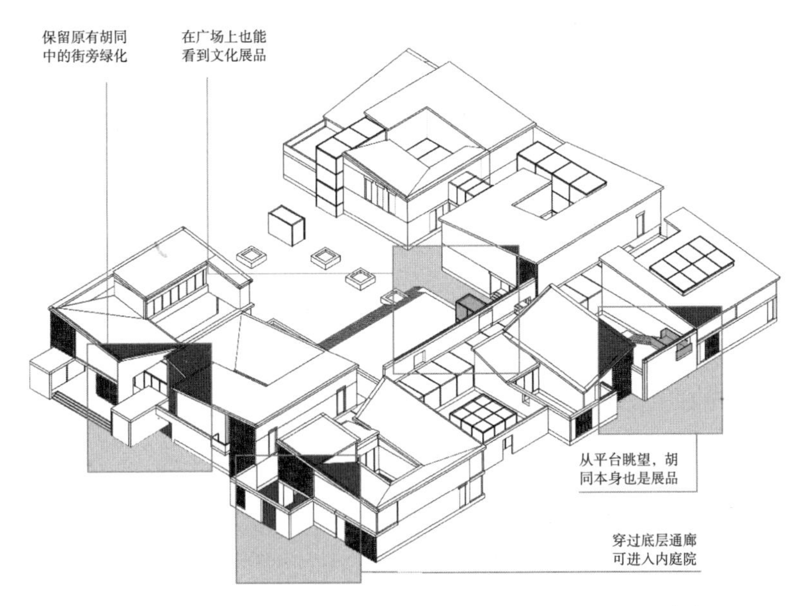

图 4.21　胡同会馆中的特色空间将活化的、动态的生活展示出来
（图片来源：自绘）

（三）空间串联

除了展示功能，胡同会馆也起到串联周边文化项目的作用。这一地区除了刘家胡同之外，还有刘少奇纪念馆、天主教堂和拟建的犹太人纪念馆，这些建筑散落在周边的街道上。策划希望在这些项目中形成一条文化流线，而胡同会馆正好位于这条流线的中心。设计团队通过对日常参观流线的分析，从中寻找出新的路径可能。一条是从天主教堂方向通往刘家花园的人行通道，策划体通过小体量建筑形成曲折的新胡同流线，中间以室外展场作为停留空间；还有一条是从刘家胡同到后巷的视觉通廊，在胡同会馆内部有一条南北向的展廊，既是联系展厅的通道，也使正门的游客能够看到位于后巷的犹太人纪念馆入口。

在刘家会馆的案例中，笔者主要就策划协同模式中的空间构想内容进行说明。从中可以看出，在历史环境新建项目中，空间构想是功能与文化内涵的结合点，在延续历史环境肌理、体现文化特色以及串联活动等方面发挥作用，因此需要在设计前期进行有针对性的分析，并提出合理的构想内容。

4.6.4 案例小结

本节主要通过笔者参与的策划实例，对策划构想内容加以分析。在历史环境新建项目中，空间构想不仅需要满足功能上的需求，也需要从历史环境中寻找具有特色的空间特征和场所体验。发现环境和文化因素带来的潜在价值，这些价值因素包含了地域文化、传统结构、生态策略等，是建筑与所在环境经过长期适应形成的独特经验。因此，在策划协同模式加入这些价值因素的构想，有助于增强新建建筑在历史环境中的认同感。

4.7 本章小结

本章延续上一章的策划工作，从信息处理中得出抽象性的目标，对历史环境新建项目提出策划构想，为后续设计提供指导。策划协同模式的策划构想不是单一的功能构想，而是结合了环境心理学、社会学、城市经济学等跨学科知识，综合提出的设计解决策略或表现方式。本章从场地、实体、功能与运营构想四个方面进行讨论，主要针对历史环境项目特点，提出特定的策划构想及需要在策划中注意的要点，例如延续特色空间和活动、材料和近人尺度的细节处理、文化触媒等内容，这些构想经过了理论研究和策划实践的印证。

考迪尔认为，策划不是罗列信息的文本，需要创造性思考（Caudill，et al.，1984），策划构想不能被简单地复制。策划协同操作中的一个重要原则是从需求到构想的逻辑推导，这一内容仅通过对建成项目调研是不够的，为此笔者在研究过程中采访了来自 CRS 中心、SOM 事务所以及加州大学伯克利分校等相关项目负责人员，了解项目的一手信息和思考过程，得出合理准确的策划构想，尽量避免研究中的主观臆断。策划构想的提出并不是建筑策划协同模式的最终工作，对于历史环境新建项目而言，这些构想是否适用？如何避免不充分的策划带来的工程延误与返工？又如何对策划结果进行评价？这些是下一章中需要研究的问题。

第 5 章

策划协同模式的评价机制与策划实践

5.1　历史环境项目设计中的策划评价

5.1.1　当前历史环境新建项目的评价方法

对于历史环境中的设计项目，不仅需要在设计构想方面结合历史信息和文化意义的传达，也需要合理的评价体系对其进行评价与反馈。本书研究的策划协同模式分为四个环节，在前面主要探讨了“信息收集”“需求界定”（这两者合并成信息处理）以及“策划构想”这三个环节内容，本章中将对建筑策划协同模式中的第四个环节“评价机制”进行研究（即“建筑策划预评价”）。

在引入建筑策划预评价方法之前，首先需要简单梳理一下当前历史环境项目的评价方法。项目评价并不是通常设计过程中的必需环节，而且对于很多项目来说，通过建筑容积率、使用效率、能源效率等指标，可以直观地体现建筑在容量、使用性、经济性等方面的情况。但是对于历史环境新建项目，需要考虑项目的文脉特征和公共利益等因素，而且这些因素的权重可能大于上述建筑指标。拉普卜特认为，建筑的最终目的在于创建一个有利的环境，因此与建成环境相关的人类特性，包括文化、社会、心理等内容都是需要予以考虑的。同时，他也认为一些特性过于抽象和笼统，难以作出定量的比较，最好的办法是进行分解，从其中要素的表现和相互关系的角度加以研究（Rapoport，2004）。许多学者也赞同这种观点，并对此提出了具体的评价方法，主要可以分为表征描述法和关系描述法两种。

表征描述法

表征描述法通过对体现历史环境新建项目的品质提出问询清单，由使用者和项目的相关人员作出回答，最终汇总得出评价报告。问询清单的内容主要涉及建筑形象、功能、经济、安全等方面，也包括居民满意程度以及在使用过程中存在的问题。如北京市规划委员会曾对十四片划定的历史文化街区的保护与发展情况进行调研，其中一个分项内容就是项目实施与居民自主更新情况，在调查中发现有两类项目影响历史环境的形象，一类是居民私自搭建，另一类是各企业和机关单位新建的不符合历史风貌的建筑。今后对于这些项目不仅需要监督机制和限制措施，也需要在建筑策划方面对设计项目进行逐条评估。我国在历史文化名镇评选中所采用的评价指标，包括了一部分历史环境的评价标准①。例如，反映地方建筑、空间格局及功能特色，以及与自然环境的和谐度等。这些内容虽然是针对既有历史环境的评价标准，但也可以作为新建项目评价的参考。同时应该看到，我国现有的评价方式存在着一些不足：首先，评价以历史环境为整体的文化单元进行研究，对新建项目单体的评价不够深入；其次，每一类问题的评价结果多为单一比例分析形式，例如采用传统材料的建筑所占比例、居民自住建筑比例等，每项标准之间缺少横向的联系；第三，现有评价指标的选择偏重于形象和景观，而从城市发展的角度看，需要构建多维尺度的评价指标，选取一些体现传统技术和社会文化的因素，形成较为全面的评价体系。

关系描述法

关系描述法更加强调文化与环境要素在设计中的体现。主要解决文化过度抽象与笼统的问题。这一方法是由拉普卜特提出的，并在国外的一些项目评价中有所体现。关系表述法包括两种途径：第一种途径主要处理文化的“抽象”问题，从最常见的社会与文化变量入手，认为社会是文化更具体的表现产物，从家庭结构、社交网络、社会组织中，可以得到文化因素与建筑环境的联系；第二种途径主要处理文化的“笼统”问题，拉普卜特注意到当文化的普遍性无法与环境联系时，需要从文化中不断导出独特的要素，例如世界观和价值观，这些因素决定了对设计的偏爱与选择②。价值观往往通过意象、意义、图式等表达出来，而他们反过来又形成了特定的规范与准则，在评价体系中发挥着重要的作用（Rapoport，2004）。这些因素与价值观一起，共同促成了生活系统。

生活系统将文化具象化，改变了原有功能与意义分离的评价方式，而是像生态系

① 详见中华人民共和国建设部、国家文物局．中国历史文化名镇（村）评价指标体系（试行稿）.2005.

② 拉普卜特的这种分解类似于在本书第2章中提到的赫什伯格为建筑策划加入的文化价值因素，两者都是为了使文化这一要素能更直接地体现于设计上。

统一样，各种活动在特定的价值观背景下进行，又由于细节的不同形成了环境特征的多样性（Rapoport，1982）。EDRA 的学者威廉·麦可森（William Michelson）曾对生活系统进行了一系列研究，他认为，生活系统是经济、时间、劳动等各项资源分配方式所选择的结果（Wapner，et al.，2012）。这一概念的提出也为建筑策划评价提供了一个新的思路。一般而言，策划中将问题定义为功能、形式、经济、时间四方面，并对这四个方面分别进行评价（可参考第 2 章对拉尔森楼的评价），而生活系统是一种统合的方法，可以看作是对这四点综合作用后的结果的评价。在历史环境新建项目中，相较于功能、经济等内容的拆分方式，生活系统中定义的指标，如交流组织、人际关系、场景构成更加综合地体现了文化在设计中的作用，也更加容易进行判断。生活系统也可用简图的形式来表示，这与第 3 章中介绍的环境质量简图相似，也包含四项，分别是要素的属性、相对重要性、优劣（即对要素的选择与回拒），以及与其他要素相比的相对重要性（Rapoport，2004）。生活系统简图有助于就不同制约因素对设计可行性产生的影响进行评价，这也为本书接下来研究的策划评价的引入作了铺垫。

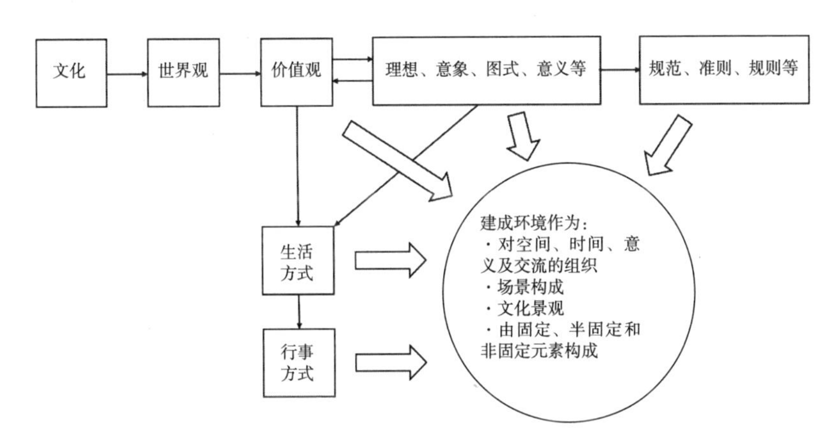

图 5.1　拉普卜特的研究将笼统的文化转换成生活系统，再针对该系统中定义的指标，如交流组织、人际关系、场景构成等方面进行分别评价

（资料来源：根据 Rapoport. Culture，Architecture and Designs[M]. 2004　自绘）

本小节中介绍了两种应用于历史环境新建项目的评价方法，从中可以看出这类项目评价的基本思路：

- 首先，需要找出文化内涵或历史意义的外在表现；
- 其次，将其分解为若干可评价的基本因素；

- 再次，设定一套基于数值或语义学的评价标准。

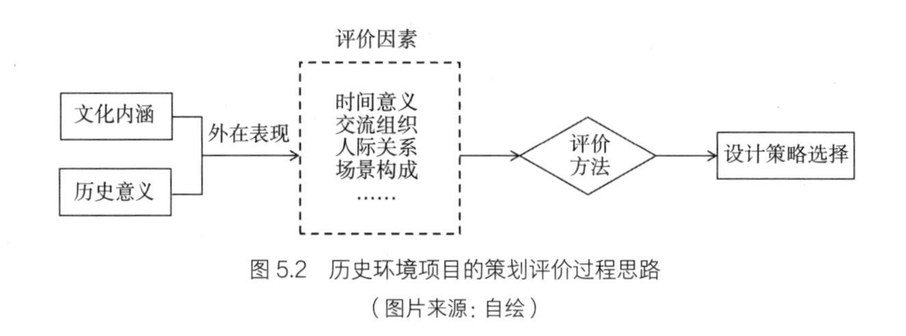

图 5.2　历史环境项目的策划评价过程思路

（图片来源：自绘）

通过这三个步骤，可以对新建项目的设计选择进行较为系统的判断，也可以直观地看出设计与所在历史环境的联系度。

上述两种评价方法主要针对新建的单体或小型项目，而对于一些较大型新建项目，例如成片的历史街区的更新项目来说，其影响力不限于建筑自身及其周边环境，因此对其评价也不应局限于内部的使用感受和局部的建筑效果，而需要考虑新建项目对整体历史环境带来的影响。为此，一些学者从多个角度补充了其他一些价值评价标准。下面将讨论历史环境中建成环境的整体评价方法。

5.1.2　历史环境中建成环境的整体评价方法

历史性的城市中心由代表着不同历史时期的建筑、设施和街道组成，这些元素构成了城市的多元文化层。城市保护规划学者纳赫姆·科恩（Nahoum Cohen）认为，对历史环境中的一栋单体建筑的关注主要集中在建筑设计或结构上，如功能、年代风格、适应性等问题。但对于历史环境的整体保护而言，这只是很小的一部分。实际上，设计中还有许多的城市问题需要研究，旨在解决新建或改建建筑存在的环境关系（Cohen，1999）。城市层面的研究包括两个方面，一是确定历史环境或城市的原形，二是建立保护这些原形的标准。同样地，评价方式也包括了城市层面的内容，即包括建筑单体在内的城市元素以及所有这些元素之间的联系。以此为基础，在建筑层面，需要总结并标识出“城市元素的建筑特征”，防止结构性改变或风格扭曲对现有建筑的破坏，也要保证原有的生活系统不被破坏。

为了更好地量化历史环境中建成环境的整体价值，科恩设计了“环境价值矩阵”方法，这一方法包含了某种特定现存状况的所有标准与因素。矩阵表格的右边是指在城市实体和法律规划中所包含的基本组成部分，包括了土地、建筑物和用途。进一步地，这些组成部分可细化为各种结构要素，共分为六点：网络、街区、地块[①]、首要元素、次重要元素、自然元素，这些结构元素按等级顺序排列，可确定其对历史环境的影响程度。矩阵表格的左边则包含了历史环境评价的各项基本标准和相对比例（Watson，et al.，2003）。科恩将其归纳五个方面的标准，笔者根据本书研究的特定类型项目，对其标准进行了调整和细化：

历史环境中新的建成环境评价标准　　表 5.1

历史环境中新的建成环境评价标准		
评价标准	评价目的	评价要素
特征定义	新的建成环境边界和结构的可识别程度	● 用地边界 ● 城市界面 ● 公共绿地 ● 自然元素
地域性与场所感	新的建成环境与历史环境的联系	● 地域性 ● 地方特色 ● 氛围 ● 城市空间
内部关系	新的建成环境的体量组合	● 城市空间关系 ● 空间比例 ● 内部功能 ● 用途的连续性
风格与设计	全局设计手法和整体风格特色	● 建筑和环境形象
方法与材料	方法与材料达到应有的性能水平	● 材料和技术 ● 当地建构传统

（图片来源：自绘）

● 特征定义（character definition）：评价新的建成环境能否体现明确的历史环境特征，以及清晰的场地边界。这一标准旨在衡量新的建成环境边界和结构的可识别程度，考察的对象包括用地边界、城市界面、公共绿地、自然元素等。第四章中科斯塔夫提到，城市结构上的变化赋予环境独特性，作为评价对象的项目应该体现这种独特性。

● 地域性与场所感（locality sense）：评价新的建成环境与历史环境的联系，进而评价该项目的地域性、地方特色、氛围和城市空间。项目与环境可以在诸多方面联

① 科恩认为地块（原文也叫街区划分）限定了建筑边界，并且往往促成建筑形态的重复，而这种排列规律是以法律、需求和邻里关系为基础的。详见 Nahoum Cohen，Urban Conservation[M]，1999

系，例如在历史上关联或某一特定事件的烙印，地域意义的感知、景观与地形的关系、舒适性等。

- 内部关系（internal relations）：评价新的建成环境的体量组合产生的各种城市空间、比例的关系，同时也关注内部功能及用途的连续性。旨在要求项目以公众和城市的利益为出发点，深入地理解周围的环境，考察场地中的构筑物与空间之间是否存在着某种明确的关系。科恩认为，各种建筑实体及其围合空间应满足特定的比例，应本着这一原则对城市空间进行全面评价（Cohen，1999）。
- 风格与设计（style and design）：评价全局设计手法和整体风格特色。评价对象是场地的三个基本组成部分：建筑物、土地、用途。这一评价旨在考察场地的总体建筑风格和建筑单体设计之间能否较好地协调和补充，以达到全面设计构思。
- 方法与材料（method and material）：评价新建项目是否采用可靠的建造技术，以及能否达到应有的性能水平。根据建筑规范对材料进行高标准的处理和利用是很必要的，而且这种材料和技术对应着当地建构传统和当前的发展水平。

在环境价值矩阵中，这五个标准设定为各 20% 的最高值，同时，对项目未来的改进预期，矩阵中也提供了一项修正值，以百分数纪录在相应标准中。科恩提出的这种方法从定性与定量两个方面，可较全面地对历史环境中的建成环境进行整体评价，也是对单体建筑评价方式的补充。更重要的是，从上述评价方法中可以看出，这些评价标准与上面阐述的策划协同模式的信息处理、策划构想之间存在许多关联。因此，有必要通过更加系统的研究，明确这三者之间的联系，将评价环节的反馈意见对应于前两者的工作中，使策划协同模式形成一个动态循环的过程。下面将结合现有的评价方法与建筑策划操作模式，尝试提出适合历史环境新建项目的策划协同模式评价方法。

5.2 建筑策划评价机制的引入及意义

5.2.1 建筑策划评价机制的引入

策划预评价理念的引入

建筑策划的评价机制是策划与一般设计方案讨论的不同。建筑策划评价机制通过建立适合的准则，对项目的预期结果进行全方位的分析，根据分析的结果判断策划构想是否可行，或是否要对设计需求进行调整，以体现出建筑策划的实用性和完整性。预评价包括两个方面：一是对于程序的评价，主要核实信息收集、需求定义、策划构想等环节中，是否存在信息的不足或团队沟通的误解；二是对于产品的评估，即佩纳所强调的“对设计质量的评价”（Pena，et al.，2012）。建筑策划预评价机制的引入，将线性的设计过程转变成可反馈的过程，特别是对于历史环境新建项目来说，每一次建设过程都是不可逆的，必然会对整体风貌甚至周边的居民生活产生影响，因此需要对设计方案进行充分评估与论证。

寻找建筑策划的合理评判依据是一个较大的课题，也是存在争议的话题。寇耿教授以其在 SOM 参与过的评审经验向笔者作过说明。由于业主和评委审视项目的角度不同，对于方案的某些构想会存在着不同的观点，例如在越南河内的项目中，他与担任评委的印度建筑师查尔斯·柯里亚（Charies Correa）建议在沿水系周围采用当地传统格局和低矮建筑形式，而业主最初所希望的却是沿岸高层耸立的景象，不过最终通过 SOM 的可行性分析和充分的沟通，业主还是听取了专家的意见。在寇耿教授看来，这种情况是经常出现的，他在评判过程中遵循两点原则：一是普遍认同的评判原则，例如可持续性和创新性原则等；二是有可推导的结论证明方案的品质，这也符合策划理论中所强调的“有依据的构想”。本节中，笔者将以建筑策划评价方法和思路为基础，结合历史环境项目特点，探讨实际项目中的策划协同评价机制。

评价程序及方法的演进

建筑策划中最典型的预评价方法是由佩纳提出的四边形法，在第二章中曾简要介绍过。佩纳认为应该从问题搜寻法划定的四个方面对设计质量进行量化，他对此提出了具体步骤：第一，从功能、形式、经济和时间四个方面提出问题；第二，基于项目问题解决的前提，对每项内容进行打分，分值从 1 到 10，逐级代表设计结果从失败到完美；第三，通过两两相乘得到“质量分数”，体现出四种因素之间的平衡。佩纳设定了二十余项问题，其中有一些与本书的研究内容有关，例如在“形式”方面对周围邻里社会、历史、美学上的提示，在“时间”方面对历史保护与文化价值重要性的体现等。对于实际项目而言，佩纳的方法具有较为综合的评判能力。

在 EDRA 工作过的杜尔克将佩纳的方法进一步完善，她对评估主体进行了细分，从设计人员、技术人员和管理者三者进行评分（即 Troika 三方模式），再将分数综合。与佩纳一样，她列举了达成良好设计的 200 项可能的评估标准，根据设计情况选择。

除了方法上的改进，杜尔克对评价的组织方式进行了研究，她提出了定期性评估制度（work sessions），要求策划者定期与后续设计者或参与业主共同商讨所负责的设计问题，如果策划者不能与业主达成一致，而问题本身却对设计有较大影响，那么必须在策划中注明，并作进一步的策划补充（Duerk，1993）。佩纳与杜尔克的方法在实际的工程管理中有一定的可操作性，除了 CRS 之外，这种方法也被美国其他一些事务所如 HOK、HKS 等采纳。也有一些学者认为，这种方法的评判内容过于繁琐，而且缺少对特定价值的权重。但从科学研究的角度上讲，这一方法尝试将建筑策划和设计进行量化评价，为后续的理论发展提供了参考。

在我国，建筑策划评价体系在上述理论的基础上，根据我国当前的设计程序和策划工作要求，进行有针对性的研究。其中，庄惟敏教授在《建筑策划导论》中提出一种具有代表性的评价程序。庄惟敏法对策划评价的定义是：将设计拆分为多个因子变量进行分析，得到量化的结果，并将其反馈到策划构想中对应修正；另一方面，根据定量分析的结果，建立项目的信息模型，将策划信息和结果条理化，生成最终的项目任务书（庄惟敏，2000）。从中可以看出，庄惟敏法与上面佩纳等人提出的方法在程序上有一定的不同，在佩纳的方法中，策划评价是在问题陈述之后进行，即在策划工作完成之后，对项目策划整体性和平衡性的评判；而庄惟敏法则包含了向下的信息加工和向上的信息反馈两个步骤，当信息结果没有达到预定目标时，可以返回到需求界定阶段再次论证，这样就形成了一套完整的循环程序。这种方法目前被国内一些高校设计机构采纳并实践。庄惟敏法策划评价另一个特点在于引入了数理分析手段，例如其书中介绍的语义学分析法（SD 法）、数值解析法、多因子变量分析法，这些为多种价值因素共同作用下的设计策略选择提供了科学算法，从技术层面帮助策划者进行综合分析。

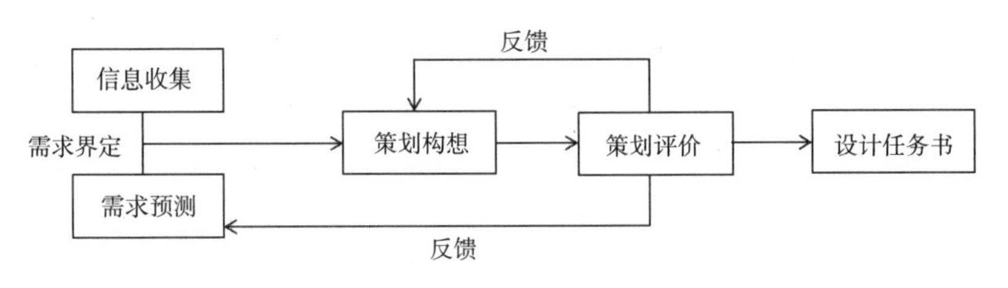

图 5.3　庄惟敏法策划评价中的二次反馈过程
（图片来源：自绘）

对本研究的启示

上面探讨了策划评价体系的程序和方法。从中可以看出，这一过程的基本理念是对策划工作进行一次验算，通过定性描述、数理分析等技术工具，从多角度对策划结果进行审查，尽可能多地解决后续项目设计和组织中可能遇到的问题，也弥补策划者主观思考中的不足。对于历史环境新建项目来说，有以下几点值得借鉴：

（一）循环程序

CRS 中心的米兰达教授认为，评价不是计算方程式，策划的目的在于不断找到更好的解决方法，扩展设计的思路。历史环境新建项目的评价不仅是对策划预期成果的打分，更重要是在审查过程中发现潜在的问题与不足，并将其定位到之前的策划环节中。因此，可以将预评价结果按照信息收集、需求界定、策划构想这三项内容分类，有针对性地进行调整。

（二）多方参与

杜尔克法中提出的“三方模式”将建筑策划评价由自评引向了多元评估概念。这一方法有效地弥补了策划者依照个人经验或主观判断的局限性。对于历史环境项目而言，除了策划者、业主、设计师，实际使用者和邻里的意见也需要考虑。现有策划评价问题多是为专业人士准备，对于本研究的策划协同模式而言，也需要为非专业人士提供直观的策划内容说明，以及容易理解的评价问卷。

（三）必要的数理方法

在《建筑策划导论》中详细介绍了如何应用多因子变量法对空间环境进行预测，其中包括因子系数、因子轴抽出、建立矩阵等步骤（庄惟敏，2000），当前建筑策划学的一些评价方法也是从多因子变量法衍生而来。数理方法的引入使建筑策划评价更加科学化，也可以对相似策划评价进行横向比较。然而，每种方法都有着特定应用范围和复杂程度[①]，因此在本研究中，需要根据历史环境新建项目特点引入必要的数理方法。除了数理方法，来自其他学科的方法也值得借鉴，如上一节中拉普卜特提出的“环境质量图示”和科恩提出的“生活系统矩阵”。

① 数理分析除了《建筑策划导论》中提到的语义学分析法、数值解析法、多因子变量分析法，还有层级分析法（AHP 法）、模糊决策理论（FT）、数量化理论（QM）等，一些策划学者也在这些领域进行着探索，例如庄惟敏教授在 2014 年中国建筑学会年会上的报告《模糊决策理论背景下的建筑策划方案》。

上述三点内容为建立历史环境新建项目的策划评价机制提供了参考，也保证了策划操作过程的系统性和科学性。对于策划协同模式而言，上述的研究只是工具，成果最终会将体现在设计任务书中，因此，表达方式也很重要。在下一节中，笔者将就策划评价结果的表达进行探讨。

5.2.2 策划评价结果的表达

在建筑策划研究中，对于策划评价结果的表达主要有两种形式。一种是索尔兹伯里和库姆林所倡导的“核对清单（checklist）”格式。索尔兹伯里认为，利用核对清单记录下每一项适用于项目的需求，主要包括现有条件和内外部效果预期、平面与空间、建筑投入使用的安排、交通、建造施工标准等方面，在策划评价中进行逐一核对（Salisbury，1997）。这种方法的优点是可以从清单的任意一处开始展开工作，方便策划工作衔接。当前，我国很多的设计任务书采用的就是这种清单格式。但这样的做法过于烦琐，包含了许多冗余信息。赫什伯格则提出一种更加综合的评价结果表达方式，他认为，建筑策划就像是一种电脑程序（program），有输入环节和输出环节，在评价概要完成之后，应当精简数据结果，并形成评价图表或报告，这有助于在与设计者或其他参与者的交流过程中准确地定位问题。这样做还有另一项作用。作为对设计策略的预评价，策划评价的结果可作为一份独立文件，对设计结果进行判断，例如理念是否得到应用，价值信息是否体现等（Hershberger，1999）。对于项目预算的预评价可以直接通过统计表反映，而对于需求的评价则需要文字记录。在 CRS 的一些策划中，考迪尔曾将评价过程的对话与图表记录在附录中。笔者在查阅国内许多建筑策划案例时发现，策划任务书中多强调需求界定的内容，而较少将策划预评价的结果附在报告中，因此，有必要规范策划预评价结果的表达。本研究将基于上述赫什伯格的观点，根据评价对象的特点，从观点描述、关系图表以及实态模拟三个方面表达策划预评价结果。

观点描述

策划评价中的一个重要依据是受访者对于策划客体的感受，也就是心理上的活动。由于不同人有着不同的意象概念，对策划的结果会有不同的认识。在信息收集阶段，由于业主或使用者对策划目标尚未形成明晰的想法，无法得出准确的判断；而在策划预评价阶段，策划者的意图已经有一些形象化的概念，这时受访者可以更加直观地理解策划的内容。这一过程是在评估会议上进行的，即杜尔克提出的策划者与业主共同商讨策划内容的定期会议，并在会中将这些想法转换成文字描述。提出的问题主要是对策划构想的主观认识，例如空间的构想是否满足了使用者所需要的活动，建筑的材料和外观体现怎样的氛围，策划中还需要增加什么功能和设施等。这些零散的设想有时并没有系统的结论，因而被策划成果所忽视。观点描述的目的是达成对策划理解的共识，并对后续设计进行书面记录确认，避免因为各方理解不同造成的纠纷。

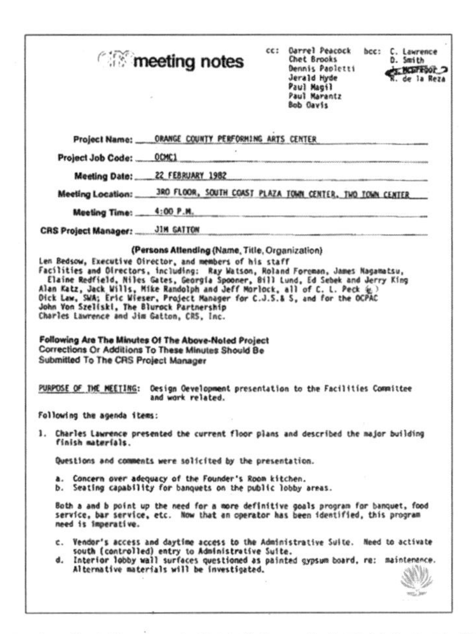

meeting notes

cc: Darrel Peacock
Chet Brooks
Dennis Paoletti
Jerald Hyde
Paul Magil
Paul Marantz
Bob Davis

bcc: C. Lawrence
D. Smith
R. de la Reza

Project Name: ORANGE COUNTY PERFORMING ARTS CENTER
Project Job Code: OCMC1
Meeting Date: 22 FEBRUARY 1982
Meeting Location: 3RD FLOOR, SOUTH COAST PLAZA TOWN CENTER, TWO TOWN CENTER
Meeting Time: 4:00 P.M.
CRS Project Manager: JIM GATTON

(Persons Attending (Name, Title, Organization)

Len Bedsow, Executive Director, and members of his staff
Facilities and Directors, including: Ray Watson, Roland Foreman, James Nagamatsu, Elaine Redfield, Niles Gates, Georgia Spooner, Bill Lund, Ed Sebek and Jerry King
Alan Katz, Jack Wills, Mike Randolph and Jeff Morlock, all of C. L. Peck
Dick Law, SWA; Eric Wieser, Project Manager for C.J.S.& S, and for the OCPAC
John Von Szeliski, The Blurock Partnership
Charles Lawrence and Jim Gatton, CRS, Inc.

Following Are The Minutes Of The Above-Noted Project
Corrections Or Additions To These Minutes Should Be
Submitted To The CRS Project Manager

PURPOSE OF THE MEETING: Design Development presentation to the Facilities Committee and work related.

Following the agenda items:

1. Charles Lawrence presented the current floor plans and described the major building finish materials.

   Questions and comments were solicited by the presentation.

   a. Concern over adequacy of the Founder's Room kitchen.
   b. Seating capability for banquets on the public lobby areas.

   Both a and b point up the need for a more definitive goals program for banquet, food service, bar service, etc. Now that an operator has been identified, this program need is imperative.

   c. Vendor's access and daytime access to the Administrative Suite. Need to activate south (controlled) entry to Administrative Suite.
   d. Interior lobby wall surfaces questioned as painted gypsum board, re: maintenance. Alternative materials will be investigated.

图 5.4　橙郡音乐厅通过工作会议记录和访谈进行，将结果以文字形式记录并附在策划书中

（资料来源：CRS Archives）

在 CRS 的策划案中很早就注意到了这一点，例如在拉卡瓦纳广场（Lackawanna Plaza）更新项目的策划中，策划团队与和该开发案有关的超过 30 个团体共 250 余人进行了工作会议，确保他们的权益在策划中得到考虑。在评价过程中也召开了数次介绍会议，鼓励市民参与，并在会议上讨论了他们的想法和理念，其中的要点在策划案的附录中进行了总结[①]。还有一种观点描述包含策划者自己对结果的讨论，例如在加州橙郡音乐厅（Orange County Music Center）的策划附录中，记录了考迪尔与另两位合伙人詹姆斯·加顿（James Gatton）、查理斯·劳伦斯（Charles Lawrence）的对话，他们讨论了音乐厅的形式与公共活动的联系，加顿希望橙郡的项目能在满足声学要求

① 详见 CRS Archives. Lackawanna Plaza Urban Renewal Project[R]，Ref. 605.1000

的前提下，提供一个类似休斯敦琼斯音乐厅的公共平台，考迪尔和劳伦斯则提到格卢皮乌斯设计的坡道，希望将垂直交通作为公共空间的一部分[①]。从这些案例可以看出，观点描述中包含了许多策划评价的内容，虽然这些内容并不一定影响策划的结果，但可以为建筑师提供更全面的观点。

关系图表

策划研究中的重点是空间关系，在本书的分类中对应“场地”与“空间”这两项内容。从第四章中可以看出，策划构想指向不同层次的空间问题，需要在评价中加以界定。赫什伯格认为在评价中需要注意三个层次的问题：第一层次是项目内部活动的各种关系；第二层次是空间客体或场所活动的关系；第三层次是不同空间客体或场所之间的关系（Hershberger，1999）。这其中，第三层次的关系较为简单，可以将各项空间用直接或间接的线条连接，即设计任务书中的分区图。第一层次和第二层次则相对比较复杂，因为需要区分真实的关系和视情况而定的关系，例如通行空间可能是重要的交流空间，还有一些则根据时间变换功能。再比如，上面提到的奇普菲尔德设计的新博物馆，由老建筑内院改造而成的展示空间同时也作为冥想空间，这种活动并不是由功能关系决定的，而是通过希腊圆厅的遗址、老建筑的墙壁还有天光形成的氛围，使人产生的主观行为。如果单从策划的分区图上，并不能准确地判断这些活动和功能是否合理。换句话说，策划评价不应在一个大规模的、表达所有活动空间相互关系的图示中进行。

对于上述两个层次的空间关系，一些策划学者设计出空间信息表达方法，例如第3章中莫勒斯基提出的关系矩阵，将外部信息变量作为横轴，功能类型作为纵轴，以此表达复杂的条件下的区域信息（Moleski，2003）。这一方法在信息收集阶段很有用处，但对于策划评价而言，为评价结果设计一套专门的图示体系有些过于复杂（CRS的学者也认为在实践中这种表达很难迅速被理解）。笔者在比较了来自CRS、EDRA、ERG等策划研究组织的方法后认为，仅依靠一套清晰的图示和代码体系来诠释策划中的所有关系是非常困难的。笔者赞同赫什伯格提出的一种综合方法。他主张将图示、图表和文字结合使用，基本相似的关系可以在一张关系图中阐述，特定类型的区分与联系关系可以在图示下方用简短的说明表达。例如他指导学生完成的亚利桑那州立大学规划系（Department of Planning，ASU）策划中，有一项内容

① 详见 CRS Archives. Performing Arts Centers Brain Drain Report [R]，Ref: 0289.0579

是对教学、公共交流、办公等主要内容的策划进行概述，包括目的陈述、面积分配以及每个空间简化的相互关系，还包括使用频次，以及任何可以帮助设计者做出特定空间设计和构造的其他需求信息[①]。这些图表可以附在最终的策划草案中，供业主和未来用户的审查，评价结果将对策划需求进行调整，从而达到反馈的目的。笔者认为，赫什伯格的这种方法实际上是将佩纳的棕色板法进行了重新组织，使策划结果更有条理地展示出来，并可以随时替换其中的部分内容，这对于涉及多方面需求和构想的历史环境项目策划很有帮助。

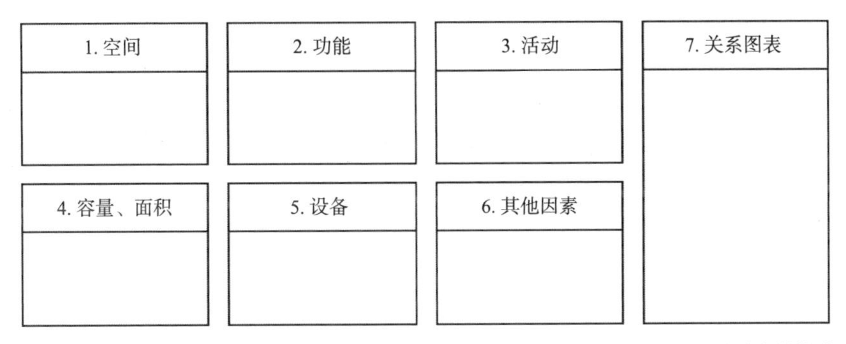

图 5.5　赫什伯格的图表实际上将佩纳的棕色板法进行了重新组织，提出了一种清晰的格式
（资料来源：根据 Hershberger. Architectural Programming & Predesign Manager[M]. 1999 内容自绘）

实态模拟

除了文字描述和图表，在一些策划中，策划团队也会采用项目模拟的表达方法，例如通过制作概念模型，或者对某一空间分配的构想通过三维图像表现，以确定策划陈述是否恰当，特别是对确定最初策划的空间构想是否合理有很大帮助。然而，这种实态模拟的方法也存在一定争议，因为按照佩纳等人的建筑策划观点，策划是不应带有主观性的，策划团队的这一做法似乎代替了设计师的工作，容易对业主造成先入为主的印象，这会影响设计师的创新（库姆林认为这是一种“过分限定”）。笔者认为，对这一争论应回到建筑策划的基本任务上，如果实态模拟可以更好地解决策划中搜寻的问题，那么其方法值得肯定，但模拟最好针对策划中较为确定的信息，保留设计的弹性。

对本书研究而言，实态模拟的重要作用是对空间的使用效果的评估。通常在建筑

① 详见 Hershberger. Program: Department of Planning，School of Architecture. Arizona State University. 1997

策划中，缺少足够的时间和资源进行精准的评估，但可以针对空间或流线等某一点问题进行实态模拟。莫勒斯基认为这种评估是必要的，确保空间可以容纳设想的活动，而且这一过程中也可能产生一些新的想法（Moleski，et al.，1990）。特别是在那些可能进行结构性调整的区域，例如对历史环境格局进行改变的策划，需要提供较具体的场地构想的表达，使新的功能能够进行重新安排，并在这一基础上对室内布局、景观布置等细节作更深入的讨论，根据需要调整策划内容，提出未来的解决方案。

例如，在北京南锣鼓巷蓬蒿剧场[①]改建的策划中，需要将相邻四合院的建筑加入现有剧场中，增加读书室和排练房，并希望新建部分能保留原有民居建筑的形式。这一改建需要考虑现有剧场功能，也涉及大空间建筑结构上的调整。由于房间之间的联系方式非常多样，为了便于与剧场工作人员和演员的沟通，剧场策划团队采用工作模型的方式，对排练、演出、读书会等活动进行模拟，直观地展示门厅到活动区的流线，避免不同活动之间相互干扰。最终确立了各建筑的功能和关联，并提出了顶部采光和木结构的屋架等特色空间构想。作为自主更新项目，蓬蒿剧场改造中的许多策划构想需要在现场讨论后确定，因此需要通过工作模型和示意图对可能的活动进行模拟。

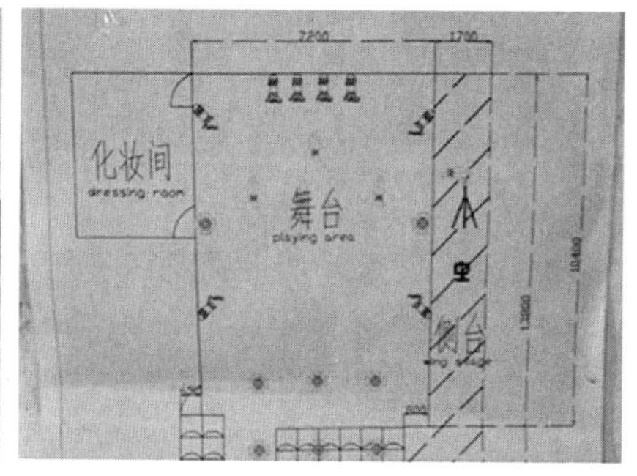

图 5.6　在蓬蒿剧场改造中，通过实态模拟可以更直观地展示策划的意图
（图片来源：自摄）

5.2.3　策划评价的自查

除了策划评价的方法与表达，对评价结果本身的自查也很重要，但对这一内容的研究相对较少。策划评价有可能会对策划决策的选择、工程进度的安排甚至项目的可行与否产生重要影响，因此需要保证其自身的正确性和完整性。佩纳等人的方法主

① 蓬蒿剧场位于北京市东棉花胡同，是北京第一个四合院小剧场，由传统四合院老建筑结合钢结构改造而成。合院改建为黑匣剧场（Black-box Theatre）。

要针对策划中的具体信息的处理，缺少针对评价系统本身的检查标准，由于策划者本身也是评判者，很有可能出现未察觉的问题。库姆林曾在《建筑策划：设计实践的创造性工具》归纳了策划评价中可能遇到的情况，以实际经验避免策划者的主观疏漏（Kumlin，1995）。笔者按照他的清单格式进行归纳，将策划自查分为综合问题、文档信息问题和经济估算问题，并筛选与本研究相关的自查问题进行说明。

策划评价的自查内容　　表 5.2

策划评价的自查	
综合问题	● 缺少利益相关者的支持 ● 将需求和要求相混淆 ● 不兼容的质量目标 ● 忽视尚未解决的问题 ● 缺少任务陈述 ● 按组织而不是功能需求 ● 缺乏文脉的切合
文档问题	● 过分限定 ● 过分模糊 ● 信息过量 ● 缺少组织 ● 缺少信息优先级 ● 不必要的复杂性 ● 没有定性数据 ● 不准确的数据
经济估算问题	● 不平衡的策划 ● 估算中的遗漏 ● 已有建筑分析及预测

（资料来源：根据 Kumlin.Architectural Programming: Creative Techniques for Design Professionals[M]. 1995 内容自绘）

综合问题

综合问题是指策划全过程中出现的结构性和概念性的问题，主要针对策划步骤和概念理解上的误区，也包括策划团队沟通上的问题，包括以下几点：

● 缺少利益相关者的支持：库姆林认为如果策划结果不能得到项目业主、使用者或管理者的相应支持，那么策划只是白纸一张。即使利益相关者没有直接参与决策，也要审查是否在策划中考虑他们的需求。

● 将需求和要求相混淆：需求（needs）是和项目相关的必要性设施或功能等，而要求（wants）包括了业主和使用者所有的想法，有时甚至是不切实际的想法。通常而言，需求比要求有着更高的优先级，特别是在预算有限的前提下。

- 缺乏文脉的切合：一些建筑策划评估被认为是纯功能性的，而忽视了与文脉的切合（contextual fit）。库姆林认为功能策划不同于场所策划，因为对于不同地段的项目而言，功能策划可以非常相似，但由于文脉的不同，场所策划则没有一成不变的策略。

文档问题

文档问题是指策划信息分析与记录过程中出现的问题，这些问题是由于策划研究方法中的错误造成的，也会对后续的设计造成影响，具体来说有以下几种：

- 过分限定：策划中的过分限定将制约建筑师的创造性。例如策划要求“设计一栋红砖建筑配长方形窗”，库姆林把这种策划称作“定向射击式的策划（rifle shot programming）”。产生这一问题的可能原因有三种：第一种是策划团队希望控制设计，把设计构想包装成策划构想，用策划代替了设计；第二种是业主用建筑策划的结果去进行设计；第三种是业主和策划者对策划可能性限定得过于狭窄。对此问题，需要策划者扩展解决方案的广度。

- 缺少信息优先级：设计过程中需要必要的让步，如何进行选择是策划的一个重要组成内容，策划者需建立信息的优先级。佩纳的五步法将信息分类，但并不能按照重要性排序。美国学者莫里斯·菲尔戈（MorrisVerger）和诺曼·卡德兰（Norman Kaderland）提出了一系列排序表格，通过对业主的访谈对主观和客观信息进行排序。与通常的排序方法相比，这种方法不是在策划工作的最后完成，而是在一开始就明确提出，在与业主沟通过程中不断使其变得清晰，找出最多不超过十个优先解决的问题[①]，并回答这些问题对最终设计的影响是什么（Verger，et al.，1993）。

- 不必要的复杂性：一些策划机械地遵照系统性格式，或用几种不同的方式表达同样的内容，这样做虽然保证了策划者在工作中没有遗漏，但是给设计团队的阅读和理解带来麻烦。最好的方式是通过核对清单等方式自查，补充不足并筛选出重复的内容，将处理后的内容按照设计需求和数量分类，用简洁的格式逐一表示。

经济估算问题

从重要性上而言，经济性问题会对整个项目产生决定性影响，库姆林认为，“没

① 菲尔戈和卡德兰认为优先性信息的表述应该是简洁的而且通常为四到十个，库姆林也认为通过实际案例的统计，一般排在十个以后的优先性信息对设计师的作用不大。

有经济估算的策划不能称为策划”（Kumlin，1995）。因此，在策划中需要仔细审查这些问题。但由于本研究主要针对特定类型项目的建筑策划，因此不再对普遍的经济估算问题作过多叙述。

5.2.4　来自专业机构的协助

除了策划团队与项目参与者对于策划的自评，对于历史环境新建项目而言，来自专业团队的协助也是策划协同模式评价机制的一部分。这里的专业机构指的是涉及历史环境项目开发、更新、保护及其相关研究的政府或非政府组织，如纽约地标保护委员会（LPC），费城保护联盟（PA）等，这些机构参与了历史环境新建项目设计控制要求的制定。除此之外，还有一些机构如纽约历史街区委员会（HDC），还有前面提到的北京文化遗产保护中心（CHP）等，则更多地参与了与社区居民的沟通和意见征集工作，这些工作对策划评价很有帮助。以纽约历史街区委员会为例，该组织的主要工作有三项：一是为需要进行建筑保护的个人或团体提供技术和策略支持；二是通过公共活动、会议、工作坊、城市走访等多种形式对公众进行教育，如纽约历史地标、保护和更新实践、建立社区组织等，提高公众对历史环境项目建设的重视；三是代表公众表达意见。该委员会关注公共项目方案对历史环境和社区的影响，也经常参与地标委员会的历史建筑认定工作（称为 HDC@LPC），以及在开发商与社区居民之间对影响历史环境的项目进行协商。

例如 HDC 参与的纽约大学扩建计划（NYU 2031 expansion plan）讨论会议。纽约大学公布的庞大的扩张计划引起了市民、社会团体和政治家的激烈反应。该计划希望将纽约大学的规模扩大近一半、约 55 万 m^2 的学术空间，接近三个帝国大厦的规模，而且这些建筑将集中建设在格林威治村的两个街区中。来自普拉特规划研究中心的罗恩·谢夫曼（Ron Shiffman）教授认为，大学扩建在一定程度上是必要的，但在前期策划中，一个需要解答的重要问题是怎样的增长水平是适当的，对此学校方面需要给出足够充分的证据。历史保护团体也认为，学校的发展不应改变社区的特点和历史环境的独特性，这一方案只是反映了学校管理层的想法，而不是社会的态度。由于多数代表在这次会议上投反对票，校方需要在 60 天内提出修改意见，对项目策划和设计进行调整。而在最终通过的计划中，总建筑面积缩减了四分之一，而且纽约大学承诺保留更多的绿地和公共活动空间，包括一个供附近居民使用的公共庭院。可以看出，专业机构通过其研究和组织工作，代表市民参与策划评价，有助于从公众利益出发对历史环境新建项目的策划提出建议。

小结

建筑策划预评价环节可以有效地检查策划者是否有效解决了设计问题。在当前的策划中，策划评价更多的是考虑功能和经济需求。然而对于本书研究的历史环境新建项目而言，需要多方位地衡量策划目标，以符合历史环境价值因素。因此本节从“分析—表达—检查”三个步骤提出策划操作模式的评价体系，并从策划理论和实践中筛选出适合的方法，例如观点描述、关系图表、时态模拟等，这些方法可以用来检查策划中对于心理需求、文化特性、特色空间等构想是否实现，或改进其中的不足。

本节中所倡导的另一观点是策划评价自身的完整性。笔者认为，如果策划者不是后续建筑设计团队的成员，那么应该明晰地表达出自己的观点和评判依据，这对于确定建筑师的价值目标是否与业主协调一致很有帮助，因此最好的做法是将这些评判过程都收录在附件中。另一个原因是，完整的策划评价可以作为独立文件保留，如果以前的策划工作中得出一些初步设想仍然有效的话，策划者可以依此作为评价功能工作的基础。对本研究来说，随着成果的不断积累，一些针对历史环境的策划和设计原则会更加清晰。

5.3 策划协同模式的评价因素

5.3.1 建筑策划使用后评价（POE）研究的启示

佩纳与库姆林等人的建筑策划理论都是针对建筑策划环节，可以较为全面地体现策划者、业主、使用者的意图，但从实际使用上看，前面所研究的内容均是针对项目理想状态下的策划和评价，换句话说，是一个“预评价（pre-evaluation）”的过程。而建筑策划只是建筑全寿命周期的很小一部分，许多问题需要在使用、管理和维护过程中发现并修正，特别是像本书研究的历史环境新建项目，必然需要一个长周期的评价过程，即“使用后评价”（post occupancy evaluation，简称 POE）。使用后评价是建筑策划预评价的延伸，早期由普莱策为代表的 EDRA 组织学者积极倡导①。普莱策认

① 在 CRS 的体系中也有类似的使用后评价环节，赫什伯格将评价分为策划评价、设计评价、建筑评价三种，其中建筑评价对应的是使用后评价，但相较而言普莱策提出的 POE 理论和方法更加系统。

为 POE 可以评述设计是否真正满足内部环境以及外部环境的需求，而且是在建筑物安置在环境中一段时间后，系统地评述其表现（Preiser，1993）。POE 的指标不同于建筑设计的技术指标，它的重点是人在建成环境中需求是否得到满足，包括审美品质、健康、安全性、功能和效率、心理舒适度等。另一方面，与前面赫什伯格关于策划评价独立性的观点相似，POE 旨在收集、归档和共享项目中的成功与失败之处，以提高未来建筑品质和降低全寿命周期成本，学习规划、策划、设计中的成功之处，避免重复犯错。相较于国外的理论研究，国内当前对 POE 的研究仍处在初期阶段。笔者对当前国内期刊中的 POE 研究进行检索，共找到 1000 余篇文章，其中在 2006 年之后的发表论文占到 85% 以上，这与建筑策划学在国内高校的普及有关，也说明 POE 逐渐成为建筑评价的一项重要内容。

美国联邦设施委员会曾委任普莱策等学者成立一个小组，用 POE 对美国联邦机构项目进行研究，并提出改进策略、过程和创新的方法，同时也是对 POE 方法的一次扩展与实践（Federal Facilities Council，2002）。从现有研究成果看，评价主要集中在功能性、建筑质量、节能性以及用户满意度等因素，但随着建筑设计理念的发展，POE 也存在一些不完善的地方。很多情况下，对建筑的评价被局限在建筑性能方面，普莱策在《建成环境评价》一文中指出，对“价值”的评价也是一项重要的内容。他认为项目使用者在评价过程中必须明确指出“是基于何种价值的判断”，还需要指出“价值的作用范围”，有意义的评价需要关注评价客体背后的价值（Preiser，1999）。

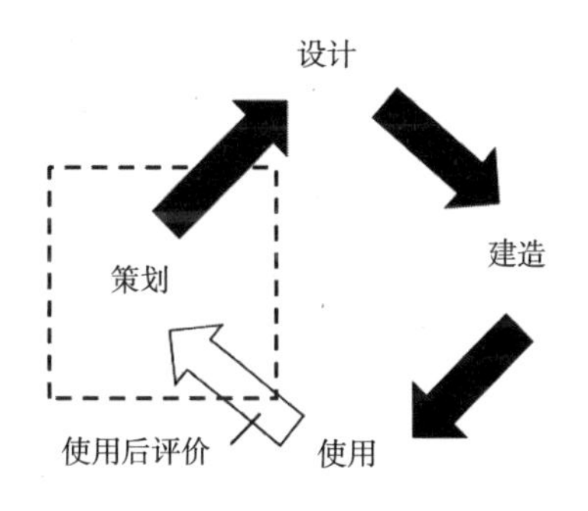

图 5.7　对于本书研究的历史环境新建项目，POE 有助于完善策划构想和方法
（图片来源：自绘）

除此之外，一些特定背景的建筑实践，如本研究的历史环境新建项目，与文化和地域性等价值因素有很强的关联。加州理工大学教授巴里·瓦瑟曼（Barry

Wasserman）等学者将与此相关的因素称为“职责因素（responsibilityissues）”，并通过矩阵图的形式指出建筑实践特定阶段中对应的职责因素，这些因素包括公共利益、职业操守、业务实践等 POE 中已有的项目，还有一些还未被体现在 POE 中，包括社会目的、社会 / 文化价值、社区价值、设计价值、公众健康和安全、专业性原则、个人价值等（Wassermann，et al.，2000）。从中可以看出，POE 在建筑性能的技术方面非常有效，但在社会、文化、感知、美学以及环境与文脉的标准上还有待完善。因此，对于本研究而言，这些缺失的标准应该纳入 POE 中，以便能够更好地处理特殊的建筑类型，如历史环境新建或改建项目，在技术与非技术层面都能提供可靠的数据。

瓦瑟曼提出的建筑实践特定阶段中对应的职责因素体现了每一阶段的不同工作和评判依据　表 5.3

建筑实践特定阶段中对应的职责因素				
	策划阶段	方案设计阶段	施工图阶段	POE 阶段
社会目的	■	■		
文化 / 社会价值	■			
社区价值	■	■		
设计价值	■	■	■	
公共健康与安全	■		■	■
公共利益	■		■	■
专业原则	■	■	■	■
专业指导	■	■	■	■
经济实践	■	■	■	■
个人价值		■		
个人福利	■	■	■	■

（资料来源：根据 Wasserman et al.. Ethics and Practice of Architecture. 2000 内容自绘）

除了方法和评价标准上的完善，POE 也是对本研究第 4 章中策划信息环节的呼应。综上所述，建筑评价可以分为三个层面：

- 第一层面是以拉普卜特为代表的环境行为学者的评价方法，与环境相关的策划，在建筑策划中主要研究建筑、环境、人的关系，是对外部策划构想（场地构想和实体构想）的评价。
- 第二层面是以佩纳和杜尔克为代表的 CRS 的评价方法以及国内建筑策划评价方法，在建筑策划中研究功能和空间组合方法，是对内部策划构想（空间构想）的评价。

- POE 则补充了第三层面的研究，在建筑策划中研究项目实施与运营效果，是对运营构想的评价。POE 的引入使本书建筑策划协同模式各项步骤的关联更加顺畅。

5.3.2 历史环境新建项目的策划评价因素

上面已提到，从整体上看，POE 所评价的内容多是建筑性能、满意度、使用效率等技术层面指标，但如果要全面地评价建筑品质，需要有更多内容的加入这一系统中，例如美学、社区因素、环境、社会价值、运营费用等，并对现有的 POE 操作模型进行改进。美国学者阿诺德・弗里德曼（Arnold Friedmann）曾对"评价因素（evaluative factors）"进行研究，列出 POE 中的已有因素和不足，其中需要改进的部分包括以下策划评价因素（Friedmann，et al.，1979）：

- 文脉性：形式与文脉的契合、文化的适宜性、室外场地和室内空间组织、肌理的真实性、立面设计与表皮处理。
- 社会—历史背景：社会发展趋势、历史变化、时间因素、保存与保护、社会性（向心环境与离心环境[①]）
- 相邻环境背景：土地使用（类型、密度、面积等）、配套设施和项目、与城市和区域背景的契合
- 美学考虑：文脉意象、视觉审美品质（形式、风格、传统）、视觉兼容性、对人的影响
- 用户和社区价值：集体特征（生活方式、年龄结构、经济状况、价值观）、对设计与评价的参与度
- 表现：识别性、情感特质、内涵（状态、象征性）
- 感知标准和态度：个体和集体行为模式、社会交往、情感因素、可读性、创新性等

从中可以看出，弗里德曼建议的 POE 准则与本书第 4 章中所强调的策划价值因素有很多相似之处，这也印证了本研究的策划构想是可行的。唯一不同之处在于用户和社区价值这一项，因为其涉及用户参与对策划结果的影响，而不是在策划过程中的预测。使用者和社区参与可以被看作是一个交流问题，建筑和环境可以给人带

---

① 社会向心环境（Sociopetal）与社会离心环境（Sociofugal）是心理学家汉弗莱・奥斯蒙德（Humphry Osmond）提出的经典理念，表述环境鼓励或抑制人们社会交往的程度。

来意义上的感知，例如象征性和礼仪性。以此反推，为了更好地使策划和设计达到预期的效果，在使用后评价中需要了解建筑和环境是如何实现这些主旨的。同样来自 EDRA 的知名学者杰克·纳萨尔（Jack Nasar）以俄亥俄州立大学韦克斯纳中心（Wexner Center for the Arts）为例，他在这一项目的 POE 中，分析彼特·艾森曼（Peter Eisenman）团队如何将业主所期望的意义融入环境设计中，项目用解构的手法设计了兵工厂式的建筑主体与白色脚手架式的室外空间，以表达艺术中心在坚持传统公共艺术教育理念的基础上，对新锐艺术进行的一种未完成的探索（Nasar，1999）。

当前，历史环境中的建筑项目，特别是一些改建或重建项目逐渐受到关注，这些项目需要在原有建筑用地、形式、结构等条件的基础上满足新的设计需求。因此，其 POE 中最重要的工作是对历史或建筑意义的评估，除此之外还有重要建筑物及其相关景观的保留和恢复，以及基于文化价值进行再利用。具体到 POE 的评价因素，在上述弗里德曼提出的七项内容的基础上，还应补充以下几点：

- 合理性：合适的现代化功能和合理的设施布置
- 细节品质：维持原有建筑细节的品质（如雕塑、浮雕、内置灯具等）
- 可逆性干预：能否恢复设计介入前的历史状态（Warren，1996）

上述十条策划评价因素为历史环境新建项目的策划提供了标准。通过 POE 研究中获得的经验，从美学、社会因素、可持续性等方面全面地评价建筑品质，使策划成果得到检验，以达到可行的结果。本节提出的评价因素，加上前面探讨的观点描述、关系图表等表达方法，共同形成策划协同模式的评价方法。

5.4 实践案例三：韩城市基督教堂及周边历史地段策划研究

5.4.1 项目概况

韩城市位于陕西省东部，临近山西，是我国著名的历史文化名城之一，现有人口 38.5 万人。当地现存有数量众多的历史建筑和街道，其中有从唐代到清代的 140 余处保护建筑。韩城的民居为典型的北方合院形式，由门房、厅房和两侧厢房围合，多为窄长形，进门有照壁，以砖雕为主要装饰。韩城在清乾隆年间迅速发展，有着“小北京”之称。中华人民共和国成立后，当地以矿产和电力为主发展工业，在古城东侧山上另辟新城，古城的格局和建筑得以保存。

基督教会位于韩城古城东北角，现有一栋老教堂，一栋 20 世纪 80 年代修建的大教堂（又称吉家寨教堂），一间礼拜堂，一间主日学教室和若干民宅。其中老教堂已有近百年历史，是珍贵的历史建筑。随着近几年教会的不断扩大，现有的小教堂已无法满足礼拜等活动的需要，同时教堂中也没有卫生间等必要设施。2011 年，随着韩城古城区保护与更新项目的实施，基督教两会管委会提出新建教堂项目的申请，并得到批准。作为韩城古城保护与更新重点项目之一，重建方案要求遵循地段历史风貌特征，采用传统材料进行构建。笔者作为项目团队成员，参与策划和概念设计的全过程工作[①]，该项目也是策划协同模式的一次实践。

韩城基督教堂更新项目策划安排　　表 5.4

工作阶段	主要内容
信息收集阶段	建筑现状、功能需求、活动组织、人员构成
策划构想阶段	环境与场地活动、特色空间表达、材料与细部、触媒效应
策划评价阶段	相邻环境背景、美学考虑、用户和社区价值

（资料来源：自绘）

5.4.2　前期信息收集和问题

由于韩城市基督教会年代久远，缺少相关资料，而基督教会对于新教堂的设计需求也不十分明确。因此首先需要对该项目各方面的信息进行收集和分析，从中寻找设计参考，制定设计任务书。新建项目需要满足宗教活动功能，同时体现基督教会的历史传承，及与周边历史环境的协调关系。为了更清楚地展示信息处理内容，这里将按照第 3 章的分类方法，将所收集的信息整理为外部信息、内部信息和运营信息。

外部信息

策划团队首先对现有建筑进行整理。韩城市基督教会内现存以下几栋建筑：一、韩城老教堂，建于 1902 年，单层砖木结构，老教堂由传统硬山建筑改建，面宽三间，无采暖设施，保存情况较好，现偶尔作为学习教室使用；二、大教堂，20 世纪 80 年代建造，单层砖混结构，无卫生间，现为主要的礼拜活动场地；三、小礼拜堂，单层砖混结构，为日常活动使用；四、主日学教室，单层砖混结构，为信徒及子女提供学习辅导；五、宿舍，包括一栋二层小楼和一个小四合院，为教会人员和外地信徒提供

① 详见：屈培青，屈张，王琦．韩城市基督教堂重建项目建筑策划与概念性方案 [R].2013.

住宿。新建项目将在现有的大教堂用地上建设，并可适当加宽加长，以满足使用需要。

场地中最主要的问题是建筑格局混杂。由于历史原因，韩城市基督教会场地中留有当地农机厂的部分房屋、车库，此外还有两户非教会居民住宅，场地中另有树木若干。现有的基地被划分得十分零碎，老教堂被挡在农机厂房屋的后面，前后广场之间仅由两条通道连接。整个基地与周边用围墙隔开，沿街的一排建筑阻断了东环路上主要人流看到教堂主立面的视线。大教堂入口广场空间狭窄，不利于疏散。因此，需要拆除搭建房屋，恢复原有格局，重新组织人流活动。

在历史环境设计控制内容方面，基督教堂用地虽在城外，但仍属于韩城古城的建设控制区。根据最新修订的韩城市古城保护区修建性详细规划，这一地区新建项目高度为二至三层，且不得超过西侧城隍庙主殿高度。在颜色、材料等方面需要与古城风貌相一致。现有大教堂山墙采用白色瓷砖，与明清风格的古城不符，且视觉压迫感较强，与历史环境不够协调。

内部信息

基督教会亟待解决的问题是使用面积不足。韩城老教堂面积 120m^2，可容纳 80 余人；大教堂面积 260m^2（一层部分），设计人数 320 人。韩城市下属 11 个镇，而韩城市基督教堂是该教区最大的教堂，因此每到礼拜日，会有大量信徒从各地赶来参加教会活动。据教会人员统计，最多时约有 800 人，平均也有 400 余人到场，有时需要连续举行两场礼拜，而且座位拥挤、通道狭窄，有很大的安全隐患。策划团队与教会进行了沟通，按照现有用地面积 420m^2，0.8 人 /m^2 进行测算，大约可容纳 520 人左右，根据圣坛和座位间距人数会有所调整。

其他功能方面，新的教堂还需要增加卫生间、设备控制室、圣物间、钟楼等。考虑到当地信徒以老年人居多，行动不便，需要增加疏散出口数量。在空间上，现有的礼拜大厅更像一间活动室，水平吊顶使得空间变得压抑，与宗教建筑所展现的崇高神圣的气氛不符。相较而言，老教堂的空间氛围给人留下的印象更加深刻，特别是镶嵌在厚土墙的高窗上投射的光线效果。因此空间构想也是重要的策划内容。

运营信息

作为韩城古城保护与更新项目的一部分，新的基督教堂需要在城市层面发挥积极的作用。与国内许多城市一样，韩城古城面临着物质和功能上的衰退。笔者调研古城区内的民宅时发现，许多宅院因年久失修，部分房屋已毁坏或成为危房。但除了中华人民共和国成立后的一些工厂机关单位占据的地方外，古城格局还是比较完整，特别是主要街道金城大街两侧的历史街区，有不少宅院被列为市级文保单位。因此，需要采取谨慎的更新策略，从经济、社会和文化等多个方面提升城市活力，其中文化将成为带动城市活力的一个重要触媒要素。

5.4.3　策划构想

通过前期信息的收集和问题整理，策划团队对新的基督教堂策划有了比较清楚的定位。从规模上而言，这一项目本身并不复杂，功能流线也比较简单。主要需要考虑的问题是新的基督教堂与历史环境的联系，以及对于宗教氛围与传统文化的体现。这里结合上面的分析，从环境与场地活动、特色空间表达、材料和细部、触媒效应四个方面进行策划构想。

环境与场地活动

从场地资源上看，该地段建筑密度较大，基督教会是这一地区最大的公共空间（西侧城隍庙被围墙阻隔，而且未来可能会恢复古城周围的护城河），还有一些高大树木和花池。策划团队希望新的基督教堂能够成为该地段文化活动的中心。在欧美许多国家，教堂不仅是一个举行宗教仪式的场所，也是周边居民文化生活的一部分，提供展示、交流、学习等功能。具体有以下构想：

● 教会的开放性。教堂用地西侧和南侧的院墙阻隔了信徒和参观游客进入教堂，也破坏了教堂主立面的完整性。建议打破现有砖墙边界，使教堂与街道的公共绿地连成整体，方便周边居民活动。开放空间将作为教堂前广场绿地，形成东西方向的教堂轴线和南北方向的绿带。这些公共空间是周边居民和儿童的活动场所，可改善周边环境。

● 历史展示功能。老教堂作为百年历史的建筑应加以保护，其建筑本身也很有特点，建筑细部上体现出传统建筑与基督教装饰结合，是珍贵的历史遗存。老教堂未来可以作为小型博物馆，展示基督教在韩城的发展历程。

● 教育和其他社会服务。据笔者调研统计，约六成的信徒为初中以下文化程度，因此教育工作十分重要。主日学教室将继续使用，同时新的教堂也将提供更大的场地，为信徒及其子女提供各种教育课程，使其学习知识，了解爱国爱教传统。教会也定期举办一些课程，帮助一些教育程度较低的基督教信徒学习文化知识和宗教知识。另外，教堂可以为基督信徒举行婚礼仪式。

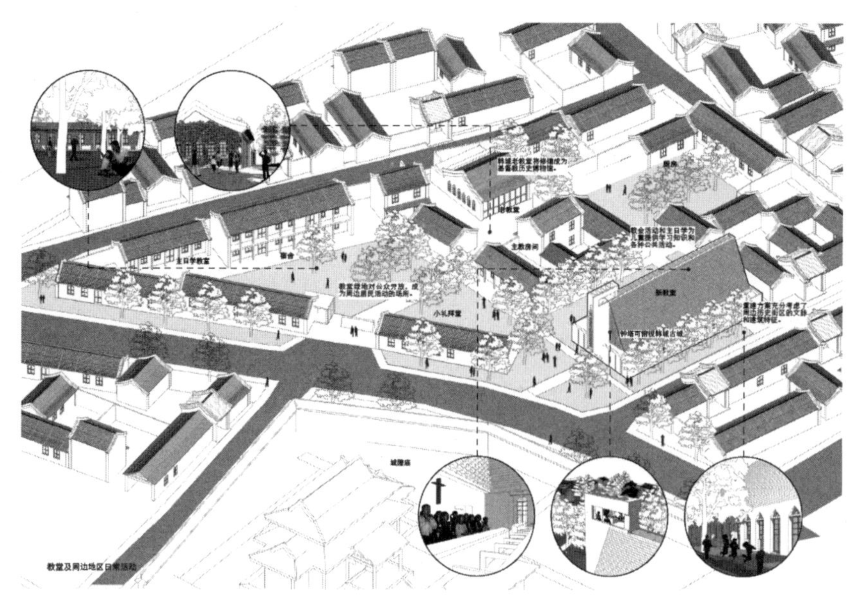

图 5.8　韩城基督教堂策划的场地构想，充分利用现有条件组织特色活动
（图片来源：自绘）

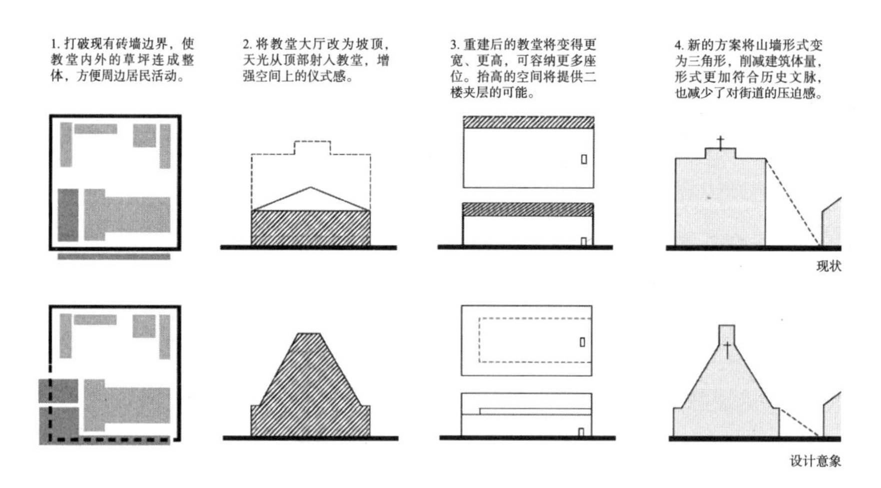

图 5.9　韩城市基督教堂策划的场地、实体与空间构想
（图片来源：自绘）

特色空间表达

教堂并不是中国传统建筑形式。国内新建基督教堂形式主要有两类：一类是古典式的，例如苏州狮山基督教堂；另一类基本采用现代主义的表现形式，例如 GMP 设计的北京海淀基督教堂和津岛设计事务所（Tsushima Design Studio）设计的良渚美丽洲教堂等。本项目在与业主方沟通后，决定采用现代形式，由于位于历史环境中，因

此也建议借鉴一些传统建筑的意象。关于特色空间表达的具体构想有以下几点：

- 屋顶形式：原有大教堂采用平屋顶形式，内部也为平天花。而历史环境的大部分传统建筑均为坡顶。策划建议新的教堂采用坡屋顶形式，强调建筑垂直方向的形态；相对应地，将教堂大厅改为坡顶，天光从顶部射入教堂，增强空间上的仪式感。
- 山墙样式：在信息收集部分原有山墙为矩形，在立面上缺少层次变化，也显得气势不够。由于新建建筑本身并不高，策划中建议将山墙形式变为中间高、两边低的形式，削减建筑体量，形式更加符合历史文脉，也减少了对街道的压迫感。在讨论会议中，业主方选择了三角形的山墙样式，呼应了基督教的方舟主题。
- 平面布局：为了满足参加礼拜活动的人数增长的需要，策划在用地范围内尽可能地扩展，并建议采用最为经济的矩形平面布局。重建后的教堂将变得更宽、更高，可容纳更多座位。抬高的空间将提供二楼夹层的可能，约可增加 40% 的座位。
- 环境氛围：作为历史环境中的项目，策划团队希望新的教堂能够与传统建筑在环境氛围上有所呼应。主要体现在两个方面。一是内向性，当地传统建筑为合院形式，强调私密性，只有从中心的院子可以看到天空，与自然连接，教堂设计中可以采用中央的顶窗创造类似的空间；二是序列，中国传统建筑通过院落递进体现建筑的格局和重要性，通过大厅中的柱列和长窗形成的纵向序列，强化教堂的神圣感和仪式感。

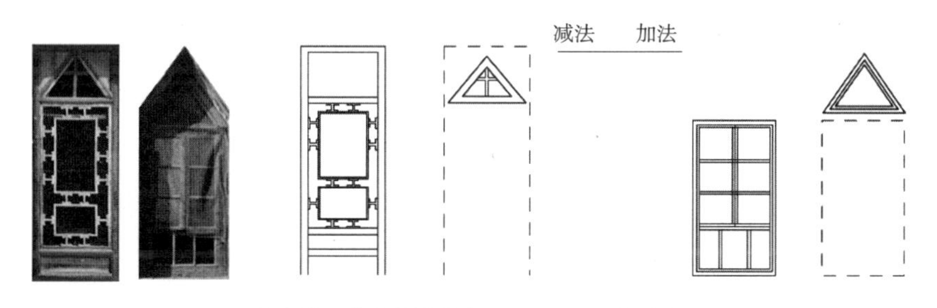

图 5.10　细部特征作为韩城教堂历史的一部分将被新的项目采纳
（图片来源：自绘）

材料和细部

在第 4 章实体构想部分曾提到，建构在近人尺度的处理能够建立使用者与历史环境最直接的联系，在本项目中，主要体现在建筑材料和门窗细部上：

- 建筑材料：我国新建的教堂表皮材料多使用陶瓷面砖或石材，在本项目中，策划团队则建议选择更适合当地环境的砖。砖是韩城当地主要的建筑材料，特别是青砖。通过不同的砌筑变化，可以形成各种构造做法与空间形式，本项目中也借鉴了这些传承下来的纹样。新的项目主要用青砖做表皮，通过砌筑的变化形成不同肌理。在大跨度空间的内部，通过钢结构和预制砖板，使内外表皮保持统一的材质。

● 门窗细部：前面已提到，由于教堂并不是中国传统建筑形式，在发展过程中与我国传统建筑相结合，因地制宜，形成了独特的建筑细部。笔者在调研了西安、太原、平遥等地的教堂后发现，这些教堂均采用传统的建筑材料与构件表达出基督教的符号。这一点也体现在韩城老教堂外观上。由于老教堂是从传统民居建筑改建而来，因此窗户采用了独特的三角形窗结合十字架的形式，与原有门窗组合成新的基督教样式。这种样式非常少见，因此新的教堂窗户样式将借鉴原有老教堂的形式，形成新老建筑的呼应。

触媒效应

作为韩城古城保护的重要部分，新的基督教堂也发挥着触媒作用。韩城古城的保护与更新分为三个阶段。第一阶段是振兴主街金城大街，修缮建筑，促进传统商业街区的复兴；第二阶段是以古城区内散落的重要历史建筑为节点，形成每一区域的文化活动中心，从主街向多点延伸，带动沿线商业的发展；第三阶段是逐步修缮居住建筑，改善居住环境。基督教堂重建属于第二阶段工作，将成为重要的文化项目，串联起孔庙、东岳庙、城隍庙一线的旅游线路。另外，古城内公共绿地较少，历史建筑又多为庙宇不免费开放，基督教会将在古城东北部增加一处市民活动场所。

5.4.4 评价反馈

评价和反馈的过程一直贯穿在基督教堂的策划过程中。评价的目的是对多种解决方案进行比选。由于本项目建设用地已经确定，建筑容量也基本确定，因此策划评价的主要对象是关于后续设计风格。前面提及的建筑策划内容只是呈现最后的结果。实际上，前期策划团队设定了两种不同的思路，一种是结合传统的形式，一种是完全现代的形式。策划团队内部对两个策划方案进行比较，也请专家进行了评审，最终选定了结合传统的构想。策划团队将策划自评内容在工作会议上与业主进行讨论，也得到认可。而且业主表示相较于传统评审打分形式，自评中的量化信息的评价因素更多，方法也更加科学。策划中也征集相关教会人员和信徒的反馈意见，并对会议、访谈内容进行书面记录。

为了更好地对策划和设计的预期结果进行评价，策划团队通过问卷调查的形式，并采用上面介绍的环境质量简图和语义学分析法，重点对新建教堂在历史环境中的形象和使用者心理进行分析。本次调研通过电话和实地采访形式，共回收45份反馈意见，受访对象主要为新建基督教堂的使用者和其他参与者，包括教会人员和信徒（21 人）、附近居民（10 人）、游客（9 人）以及设计人员（5 人），其中前三类受访者与该项目建设具有直接联系，占总数的 69%。

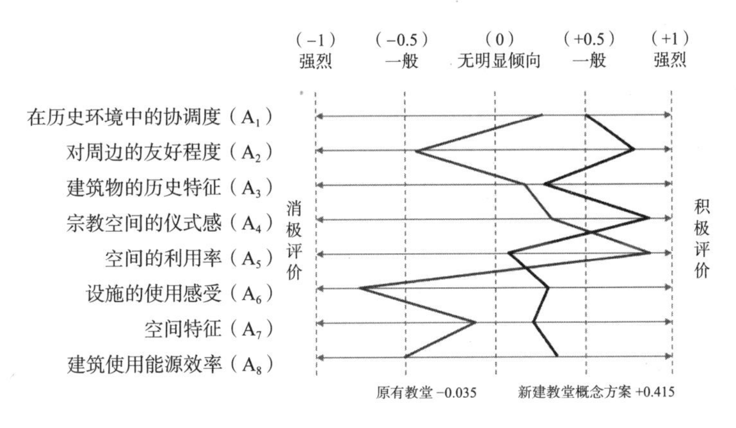

图 5.11　调查问卷表中对新建教堂与原有教堂建成环境的比较提纲
（图片来源：自绘）

问卷调研的第一部分是对新建教堂与原有教堂建成环境的比较。调查标准是根据人对建筑的主观感受以及项目对历史环境的影响制定，共分为 8 个评价因子。按照上面拉普卜特的“积极—消极”原则，将这 8 个因子根据程度划分为 5 个等级，赋值从 -1 到 1，以 0 为中间对称。为了方便非专业人员的理解，问卷中对每一项评价因子设置了参考。

统计调查结果，可以获得 45 个样本变量平均值的两组数据，以及两组的总体平均分，并将结果以环境质量图表示。可以看出，在对周边的友好程度、宗教空间的仪式感和设施的使用感受方面，新建教堂的方案与原有教堂相比获得了更多的积极评价，在历史环境中的协调度等方面也较原建筑有一定的提升，而在空间的利用率上则需要进行更具体的推敲，以满足不断增长的使用需要。

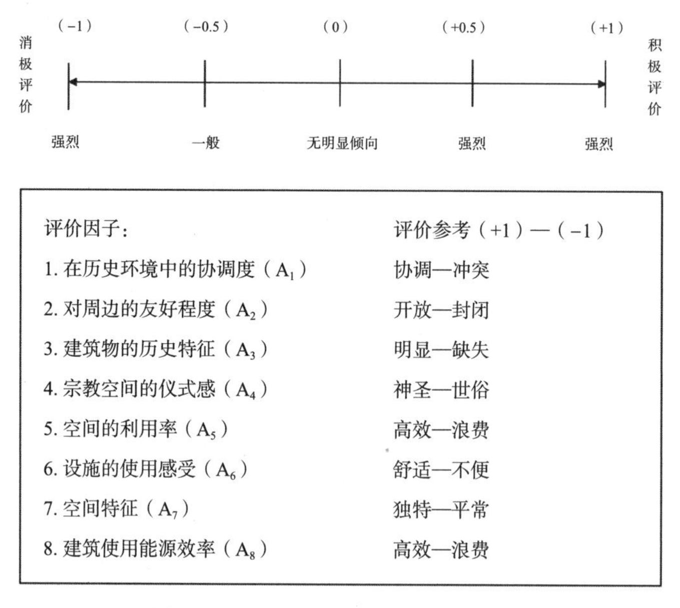

图 5.12　原有教堂和新建教堂概念方案的环境质量评价比较及得分
（图片来源：自绘）

5.4.5　案例小结

本节通过笔者参与的策划实践，对策划协同模式全过程进行一次梳理。可以看出，历史环境新建项目需要考虑的方面很多，特别是与周边环境的联系、使用活动、历史特色、环境心理因素等，如果按照一般设计任务书中格式，仅对于项目本身功能和形式进行研究，或提出一些概括性原则，都不能准确地涵盖这些问题，也使后续建筑设计缺少依据。因此，本研究提出建筑策划协同模式，通过策划程序有条理性地搜寻问题，结合历史环境相关研究提出策划构想，并与项目相关方一起进行评价反馈，形成更加契合项目条件的设计任务书。

5.5　本章小结

本章中从策划评价和使用后评价两方面，探讨了历史环境新建项目的策划评价体系，这为分析策划设计的可行性以及信息构架的完整性提供了有效的技术工具。其中在策划评价方面，本研究从分析方法、结果表达、过程检查三个方面，筛选出适应于本研究的方法与程序；在 POE 方面，针对当前评价多集中在建筑性能指标的情况，补充并完善了历史环境项目需要考虑若干的评价因素，并结合实例加以分析。对于本研究而言，除了建筑性能和用户满意度，还有美学、文脉兼容、参与沟通、可持续性等标准。笔者认为，无论是策划评价还是 POE，其基本思想都是通过系统性的研究和与参与者的沟通，发现策划与建筑设计中存在的不足，并反馈到设计策略或其他相似项目中。

历史环境项目的策划评价体系的建立有助于综合地评价构想。巴奈特认为，建筑是为人服务的，而且建筑、设施、人、组织是相互关联的，一个环节的失败将影响到整体的建筑性能(Amaratunga，et al.，1998)。本研究希望提供多元价值背景下的构想，保证建筑物及其环境的多样性。智能建筑、绿色建筑、开放性建筑都是未来可能的发展方向，也会与历史环境项目产生新的结合点。因此，总会有新的建筑评价因素出现。策划评价也可以更加综合地将新的标准纳入系统。本章最后，以韩城市基督教堂的策划为例，对信息处理、策划构想和评价反馈等环节进行了一次综合实践。

上述三个章节是对建筑策划协同模式内在程序的研究，除了这些研究之外，当前建筑行业正处于一个高速发展阶段，新技术也在不断地参与建设过程，那么策划协同模式还有哪些外延研究？又有哪些可以在历史环境新建项目中得到应用？下面将对此进行探讨。

第 6 章 策划协同模式的外延研究

本章是笔者作为国家公派联合培养博士生，在美国加州大学伯克利分校访学期间，对历史环境新建项目的策划外延进行的思考。本书在第 3 至第 5 章研究了策划协同模式的信息处理、策划构想和评价反馈三个环节，如果将这些研究问题当作主体，影响对象当作客体，可以清楚地看出两条线：一是建筑向上对城市环境和运营的影响，二是建筑向下对使用功能和用户心理的影响。也就是说，建筑策划的研究仍是以建筑（包括独立的建筑和建筑群）为核心的。然而，在当前的设计趋势下，规划的实践逐渐向城市设计和局部地段设计层面延伸，需要更深入地了解建筑问题。特别是历史环境新建项目，很多都是成片街区的更新，所以必须在城市设计阶段对一些策划要素加以重视，才能保证后续的策划构想得以实现。

对于建筑策划在城市设计层面的实践，我国的研究尚处于起步阶段。而美国的建筑策划实践则发展了较长时间，积累了比较丰富的经验，特别是一些大型事务所很早就将策划理念融入城市实践当中。因此，本章希望通过在美国学习的经验，对我国当前历史环境城市设计的策划进行初步探讨。这其中，笔者访学期间的指导教授、SOM 事务所城市设计部创始合伙人寇耿先生提供了许多重要的经验和案例。而笔者在加州大学伯克利分校参加城市设计课程，也给本研究带来了诸多启发。此外，当前美国一些事务所逐步推行的 BIM 技术，也将对未来的策划发展产生了积极的影响，本章最后将加以讨论。

6.1　美国城市设计经验对策划协同模式的启示

6.1.1　城市营造理念与建筑策划的联系

在以 SOM 为代表的美国大型事务所的城市设计实践中，一个重要的理念是“城市营造（City Building）”，这一理念源于该事务所创始人纳萨尼尔·欧文斯（Nathaniel Owings）提出的“空间之间（the space in between）”的概念。欧文斯认为，新的城市建设为设计师个性化的表达提供了空间，城市设计不仅是一种技术手段，还需要通过人性化的思考解决城市快速扩张、单调的街道界面、缺少思想的开发表现形式等问题。而且由于城市建设周期长，为了应对某些不确定的因素，必须建立一个富有弹性的设计框架。寇耿教授延续了这一研究，并通过设计实践案例展示如何通过设计实现良好城市品质，并从中总结出城市营造的若干设计策略（Kriken，2010）。

为了阐述建筑策划在城市设计中的作用，首先需要对寇耿教授的“城市营造理念”作简要说明。寇耿教授认为，通常情况下，城市设计实践基于这样一种假设，即物质环境是可以被塑造的，城市的经济、政治、管理等因素都可以对设计的结果造成影响，城市设计成为公共领域内刺激、引导并影响公众活动的手段。在这一前提下，住房、交通、经济、服务、基础设施等成了城市设计的最重要内容。但美国经过几十年积累的城市设计经验证明，城市生活需要创造个性鲜明、功能混合的社区，以及合理地使用现状条件中的稀缺资源，如地貌、景观、人文、历史遗存等。当前，人们开始广泛关注人与环境（包括自然环境和建成环境）之间在功能性、视觉性和感官方面的联系。通过其积累的城市设计经验，寇耿教授总结出创造宜居生活环境的九项设计原则，分别是可持续性、可达性、多样性、开放空间、兼容性、激励政策、适应性、开发强度、识别性(Kriken，2010)。这些都在城市设计实践中被证明是有效的。从使用范围上看，既有区域和城市尺度的项目，如芝加哥市湖滨钢铁区（Chicago Lakeside）城市设计和旧金山金银岛（Treasure Island）开发，也有街区甚至社区尺度的小型项目，例如上海的创智天地。这些项目展示了从区域发展到街道与建筑空间处理中可能应用到的设计策略。

城市营造理念的核心元素是人性尺度的城市设计。这与当时英国规划师戈登·卡伦（Gordon Cullon）倡导的城市景观运动有关。卡伦从公共领域的角度思考城市，为规划提供了一种新的方法，城市景观是指从行人角度来感受城市空间，明确人性尺度开发工作的重要性，提倡通过开放空间的大小、材质、景观、街道装置等增强城市的丰富性（Cullen，1995）。这种城市设计的思想与建筑设计有很多相似之处，其将城市看作一系列具有高度识别性的“户外房间”，对这些房间的品质、特性以及它们与城市景观的关系进行研究，创造富有吸引力的空间。这一思想与建筑师通过设计手段来突出建筑单体非常类似。因此，在其进行城市设计之前，也需要对可能存在的问题进行搜寻并提出构想，即城市层面的“策划”。

此外，对于人性尺度的城市设计而言，除了三维模型与二维图纸的表达，公共领域的设计需要考虑行人视角感受到的城市。寇耿教授也非常认同这一观点，他在与笔者的讨论中表示，城市问题的解决并不只是功能性问题或采用统计比较的方法编制文件，他赞同凯文·林奇所说的“一座好的城市的检验标准是可读性（urban legibility）”，即居住者和游客对城市的感受和理解。因此，一个好的城市设计首先要了解这些使用者的需求，在这一过程中，策划的操作方法可以发挥积极作用。而在历史环境的城市项目中，更加需要对人与历史环境之间的关系进行构想，例如第3章中介绍的哈佛北区项目。在下一节中将通过具体案例，阐述历史环境中的城市营造。

6.1.2　历史环境城市更新中的建筑策划要素

从上面案例中可以看出，历史环境城市更新中也包含了许多建筑层面的内容，建筑策划的加入有助于从使用者需求、开放空间、心理感受等方面作详细研究，符合“人性尺度的城市设计”这一理念。当前，城市设计方法多是依据上位规划和开发者的意图，是一种自上而下的工作方式；策划协同模式从另一个方向，对设计需求进行研究，是一种自下而上的方法，这两种方法的结合使城市设计结果更具有整体性。上面提到的兼容性、建筑体量控制等只是建筑层面的设计原则，而在具体城市设计中，策划要素可以对以下研究提供直接帮助：

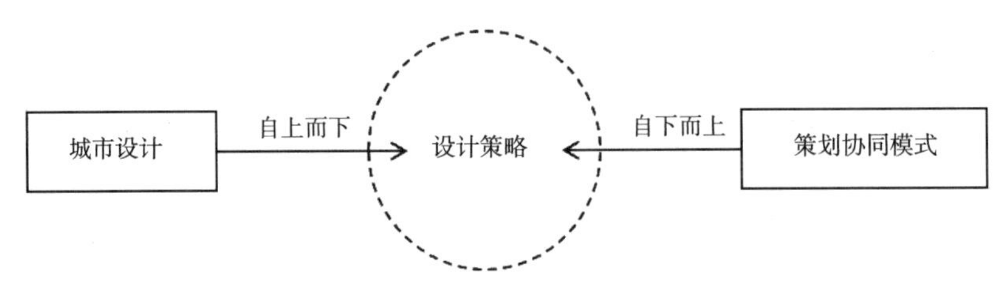

图6.1　策划协同模式的引入使城市设计结果更加完整

（图片来源：自绘）

建筑多样性

如同建筑需要对体块和功能进行组合，城市设计也需要合理地组织区域内的建筑，其中建筑多样性是一项重要原则。在当前很多城市设计中，经常可以看到整片街区重复性地采用单一的建筑类型，这种方式无法为市民提供生活、工作和休闲等方面多样化的选择，从而失去了吸引力。其中有一部分原因是因为规划功能过于单一，还有一部分原因是城市设计缺少建筑层面的考虑。提升建筑多样性有很多种方法，例如将项目划分为尽量小的地块，由多个设计师在设计导则下共同参与；再如将商务区重新规划成适宜步行的混合社区。事实上，保护历史环境中的历史建筑也是提供视觉多样性，通过发现历史建筑与新建项目的特征差异获得体验。建筑策划的主要工作是根据地段特点和项目需求，寻找合理的建筑多样性途径。

例如旧金山芳草地中心（Yerba Buena Center），最初的城市设计是丹下健三和杰拉德·麦库（Gerald McCue）在 20 世纪 60 年代完成的，早期的概念是建立一个高层建筑综合体，像堡垒一样与周边社区隔离，这一方案引起了周边居民的强烈反对，项目也陷入停滞。后来项目开发署指派一个委员会对该地区进行研究，并鼓励对原有项目重新进行策划。修改后的方案增加了一些新的元素，如混合的商业功能、带补贴的住房和公共花园。总平面上逐渐软化了边界，向周围邻里社区打开（Parker，1995）。这种包容性的方法在多个地段建立起一系列创造性的合作关系。如今这里已成为一个欣欣向荣的多样化社区，同时也是著名的文化和展览中心。芳草地的案例也带来了一些启示：项目初期设计的失败并不是由任何图纸上可见的错误造成的，城市设计不仅是关注经济发展、设计和景观，还是一个与所在环境和其中的人群有关的工作，因此策划的介入是有意义的，策划有助于从人的角度发现怎样使设计更适应于当前的社会，并寻找独特环境背景下的解决办法（Wener，et al.，2000）。

建筑的历史环境特色

除了建筑与周边环境的关系之外，确立建筑特色也是重要的工作。虽然在许多城市设计结果中，建筑只是白色或带有屋顶的体块，但在历史环境设计中，需要对建筑特征及风格作进一步的说明或示意，让历史成为城市建成环境中的可见部分。建筑策划可以从细部特征、建筑材料和历史保护三个方面提供设计依据。

首先是细部特征，建筑的细部特征有助于统一建筑特色。在第 4 章中曾对近人尺度的细部的策划构想进行阐述，而这里的建筑细部主要是城市设计层面的研究，如控制屋顶、窗户和入口处理等特征。上面提到哈佛北区的策划中，就对坡屋顶建筑最大高度进行规定（不超过 45 英尺，约 13.7m），策划中也对入口的空间处理提出建议，需要与城市设计中设定的入口位置相符合[①]。其次是建筑材料，关于建筑材料的导则通常是在历史校园中，例如哈佛校园中采用的红砖（Harvard Tweed），一些历史文化街区的导则中也规定了材料，但完全采用同一种材料未必是最好的选择，布洛林认为这样做有意模糊了新旧建筑的区别，反而削弱了两者各自的特点（Brolin，1980）。因此，策划中可以提供更多的材料搭配，如尤尔根·普雷瑟（Jürgen Pleuser）设计的柏林环境部大楼（Bundesministerium für Umwelt）的加建部分，在材料上进行一些变化处理，但仍采用相似色调，使新建筑与历史建筑和谐并置。第三是历史保护，对于场地中的文物保护建筑，除了遵守文物保护规定和风格上的协调，在建筑策划上也可以增加对历史建筑的呼应，衬托出重要建筑的形象。例如笔者在黄山程氏三宅[②]周边项目调研中发现，虽然新建建筑在形式上采用徽派风格，但在空间关系上缺少联系，也没有对场地人流进行引导，使整个地块显得零碎。上述三点问题需要在历史环境的城市设计中加以研究。

除上述两点之外，建筑策划对于城市运营中的建筑问题也有帮助，在本书第 4 章中曾对此进行过讨论，这里不再赘述。总而言之，建筑策划方法是对城市设计中的建筑以及建筑与城市相关的问题进行研究，从新的角度提出可行建议，弥补城市设计思考的不足。特别是对于本书中讨论的历史环境项目，虽然在传统城市设计方法中也会对建筑问题加以讨论，但笔者认为，策划协同模式的加入可以更细致、准确地解决建筑层面的问题，使城市设计与后续的建筑设计更好地衔接。

6.2 策划协同模式中的城市运营策划

6.2.1 可持续性理念下的历史环境运营策划

上一节的研究主要从城市营造的角度，探讨如何通过建筑策划的相关理念，在城市设计中塑造富有历史特色和人性化的场所。除了这些内容之外，历史环境城市设计

① 详见 SOM Archives. Harvard University: The North Precinct Programming Study for the Sciences. Social Sciences and Humanities，2001.

② 程氏三宅位于黄山市屯溪区，是徽州明代汉族民居建筑，院落形式严谨，装饰古朴精美，是全国重点文物保护单位。

图.6.2　德国环境部新建部分紧邻原有历史建筑
（图片来源：自绘）

的运营策划也是值得研究的内容。巴奈特教授曾经从“城市中心竞争力”的角度谈城市运营的重要性。他认为，城市的快速发展使其逐渐向郊区延伸，也使城市中心的功能不断流失。制造业留下的空位被商业占据，城市中心充斥着银行、保险、法律以及大型商业机构，成为大型的金融中心，这又进一步地使市民远离城市中心（Barnett，1982）。关于城市中心空心化带来的交通、治安、历史街区破坏，活力缺失等问题，许多城市学者都作过阐述。巴奈特认为，恢复城市中心的竞争力需要寻找一种合理的运营模式,以增强内城吸引力。其中一种可持续理念的策略是恢复城市中心历史环境，并将其作为文化与艺术的中心，让一些原有的博物馆、音乐厅、社区剧场重新发挥作用，也提供良好的城市文化景观，形成市中心的“艺术公园”。比如像上面提到的芳草地艺术中心和哈克舍庭院周边地区的城市设计，充满文化意味的历史中心也会吸引更多的艺术机构进入。

关于城市运营构想，本书在第 4 章中曾进行过讨论，但主要是从建筑层面，讨论新建项目如何解决自身运营中的经济问题，以及对相邻地区的文化触媒影响等。而城市设计则对此提出了新的要求，例如上面巴奈特提出的城市中心竞争力问题，因此需要在运营策划中，考虑历史环境项目对城市的作用。这与美国学者菲利普·科特勒（Philip Kotler）提出的“城市营销（Urban Marketing）”理论相关。科特勒认为，城市营销是城市适应市场化的结果，并通过自身条件和城市间竞争制定发展策略。与以往通过单一自然或文化景点的方式不同，当前的城市营销更加注重城市的差异化，即发现城市自身特色，例如宜居的建成环境、有序的城市管理、富有历史内涵的城市文化等（Kotler，et al.，2009）。这其中，历史环境是城市独一无二的财富，也反映出一座城市的生活态度。在我国，许多城市开始对现有的历史环境基础进行整治和修复，并以此作为重要的城市名片，像苏州、黄山（屯溪）、大理等城市都以城市中的历史文化街区和历史风貌为竞争力，提升城市形象，带动了商业、旅游的发展和城市环境建设。欧洲一些城市如德累斯顿、科隆也是围绕历史环境进行城市发展构想。正如巴奈特在《重新设计城市》一书中所说的，人们喜欢城市中心或历史环境，是因为它们是真实的，它们体现出一段相当长的时间内、许许多多决策所带来的结果，它们所创造出来的这种环境是不可能被复制的，因此也是最具有竞争力的（Barnett，2003）。

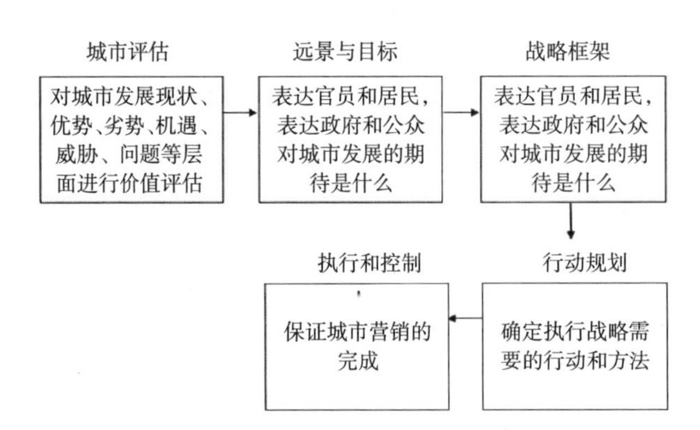

图 6.3　城市营销工作的步骤，策划协同模式有助于从目标到行动规划的制定，反之城市营销理念也扩展了策划运营构想的思路

（资料来源：根据 Kotler.Marketing Places: Attracting Investment，Industry，and Tourism to Cities，Statesand Nations[M].1993　自绘）

由此可见，城市营销理念为历史环境保护与开发提供了新的思路，因此在城市设计研究中需要对这一理念进行前期策划。科特勒曾总结了影响城市营销的三大因素：目标市场、营销内容和规划组织。其中目标市场包括旅游者、城市居民、商业经营者

和贸易对象等，策划需要了解这些群体的需求，以及其在市场中的侧重点。营销内容是指在规划和城市设计中那些能够体现城市特色和竞争力的要素，包括城市定位、生活品质、城市特色活动等，在历史环境设计中，主要根据历史环境的现状条件和文化价值进行策划构想。规划组织是使城市运营主体（主要是政府和开发者）与利益相关者（居民、商业活动者、文化产业者）达成共识和合作目标，这其中除了策划构想和城市设计外，还需要对城市营销计划作出评判与补充（Kotler，et al.，2011）。在建筑策划的信息收集和策划构想中，可以借鉴城市营销中的这些因素，组织历史环境项目的运营构想。同时，运营构想的建立也从一定程度上影响着城市空间和建筑的构想。

6.2.2　历史环境中的城市营造

上面提到，城市设计实践涉及多个尺度，其中与历史环境有关的项目多为街区尺度，并包含社区、街道、建筑单体和其他公共空间。对于这类项目的城市设计，一个重要问题是应由周边环境来主导特定项目的性质，还是项目本身应作为地标突出。对此，许多学者和设计师持不同观点。笔者曾与寇耿教授就这一问题讨论，他认为，对策略选择应该遵循特定的原则，而兼容性是其中重要的一项。兼容性指城市建筑元素之间保持视觉上的和谐以及整体上的平衡，该原则是在现有街区中增加新建筑物的一条指导原则。实现兼容性的手段包括高度、体量、退界、材料、建筑特征等内容，有助于避免一些新建项目破坏原有环境的视觉美感和风格（Kriken，2010）。兼容性不是简单的复制，城市设计方案不仅需要延续原有环境的共性元素，也要强调可识别性、有特色的场所等异性元素，将历史环境塑造成令人满意且富有趣味的生活、工作场所。

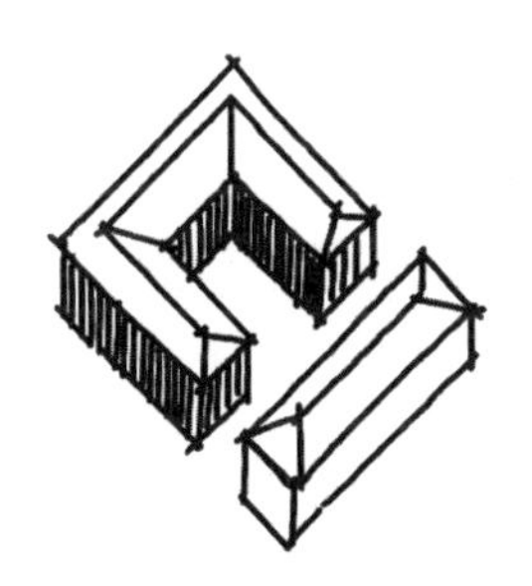

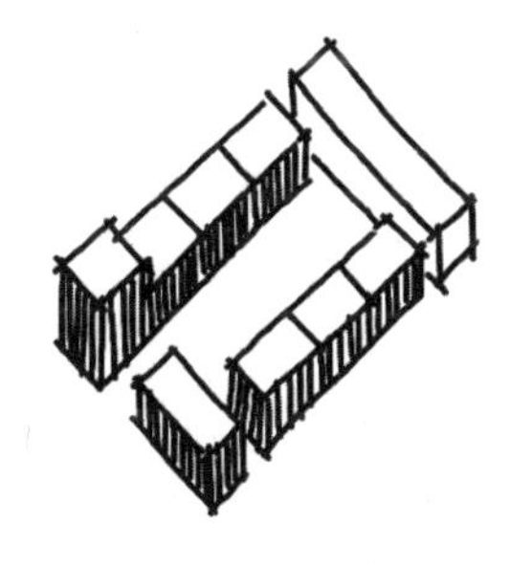

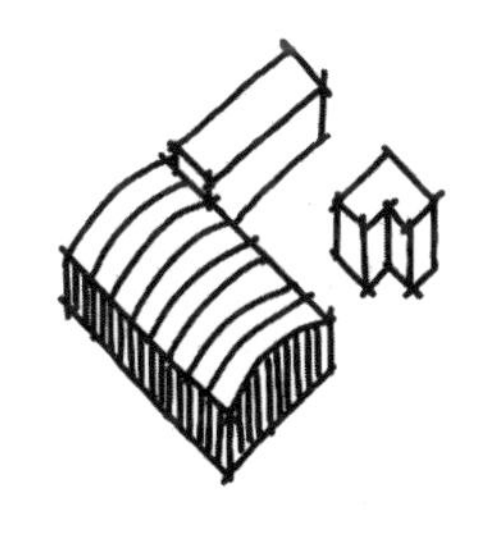

相似建筑形式的兼容性　　相似地块大小和体量的兼容性　　混合功能的兼容性

图 6.4　兼容性是历史环境城市设计的一项重要原则

（资料来源：根据 Kriken，et al.. City Building: Nine Planning Principles for the Twenty-First Century[M]. 2010　自绘）

以佛山岭南天地项目为例，佛山是中国南方负有盛名的宗教和文化中心。2007年，SOM参与了中心城区的更新项目，这一项目以祖庙、东华里历史风貌区为中心，片区内拥有许多典型岭南民居风格的珍贵历史建筑，项目占地面积达65hm^2。这一项目旨在保护与提升历史环境品质，同时满足新增基础设施和公共交通的需要。在城市设计中，项目团队明确了该地段需处理的三个主要的问题：与周边环境的关系、建筑尺度和建筑特色。

第一层次（城市层面）：与周边环境的关系

从整体上看，当开发计划不适应当地环境或与所在场所特征不匹配时，容易让人产生陌生感，也破坏了原有历史环境给人们带来的集体记忆。在地段中，大约有三成的建筑是苏联式的公房和近些年建造的砖混结构建筑，设计希望在保护老城区的同时，将这些建筑更新成为住宅、商业和娱乐区域。对于这些历史环境中的新建项目，设计在延续历史街巷格局的基础上，用现代化的手法更新，并创造尺度适宜的开放空间。这其中，路径是串联环境关系的核心要素，特别是历史核心区域的人行路径，这体现出第3章中寇耿教授提出的“小尺度的识别性原则”①。具体的设计中，保留了原有曲折的格局，两侧建筑的立面保留历史面貌或进行修缮。机动车道路在外侧环绕，新建中、高层建筑的高度由主要路径的视线决定，由两侧向中间形成“山谷”。特别是在祖庙等重点文物周边，通过限制建筑高度，保留了历史建筑屋顶形成的轮廓线。这种山谷的规划也提升了历史环境中的日照条件。

第二层次（建筑层面）：建筑容量

建筑容量需要根据规划的土地用途、基础设计、功能需要等加以界定。为了保持城市的宜居性，在一些城市的衰退地区需要进行有管制的开发活动，以解决基础设施不足带来的社区服务压力，而管制的内容包括景观视线、重要的历史街区和建筑、可达性强而独特的景观等。在SOM参与的一些实践中，一些地段的更新不仅是对现存建筑的保护与整治，还需要通过植入新的功能以带动地段的自主发展，例如住宅、商业和娱乐功能等，这些需要通过增加开发容量来实现，例如前面提到的上海太平湖地区城市更新。也有一些学者对SOM的这种高密度开发理念持不同意见，认为这样的做法改变了原有街区的建筑容量和交通流量。而在SOM的设计理念中，尽管尊重项

① 详见 SOM Archives. Foshan Valley[R], 2007. 项目负责人 John Kriken 和 Ailing Lou。

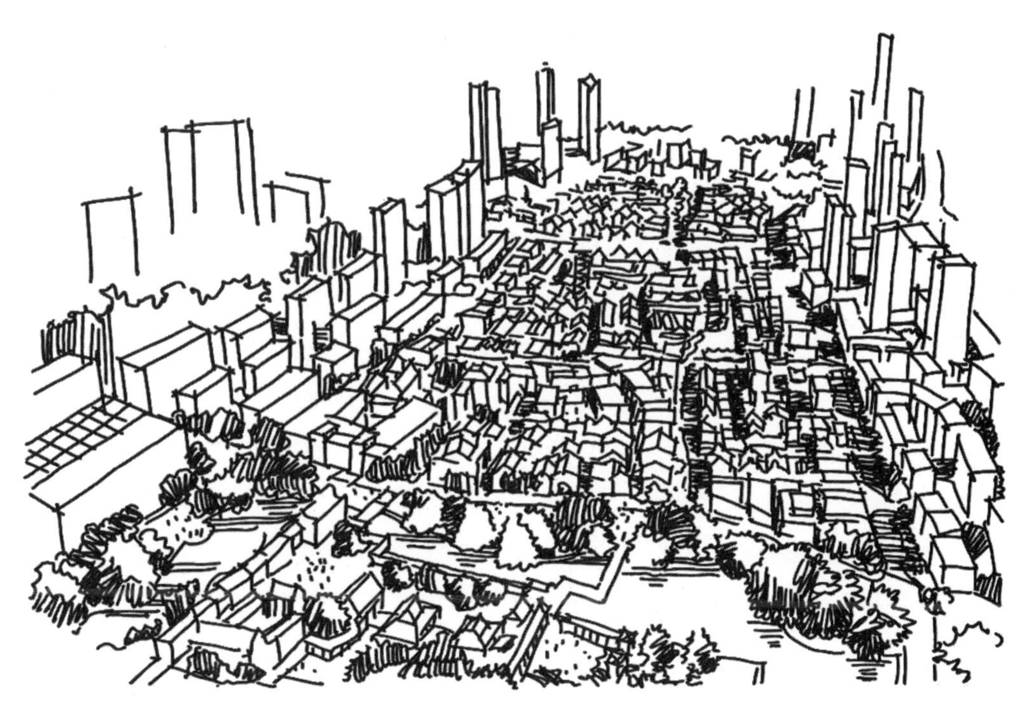

图 6.5　佛山岭南天地项目城市设计效果图
（资料来源：根据 SOM Archives　自绘）

目周边环境至关重要，但保持开放的态度面对未来也同样关键（Kriken，2010）。一些城市设计通过突破历史的局限重塑自我，例如在伦敦金丝雀码头[①]（Canary Wharf）展现出崭新的城市形象。在岭南天地项目中，外围逐渐增高的建筑作为历史环境周围的“山峰”，按照上面的视线要求，这些建筑将通过高度和形体控制将视觉干预降至最低。这些山峰将容纳足够的开发强度，以提供公共设施和商业开发，并为历史环境的修复和维护提供资金。

第三层次（历史文化层面）：建筑特色

岭南天地所在的地段，是佛山老城区中重要的历史街区，以国家重点文物保护单位祖庙和东华里为核心，还有其他数十座历史建筑，较完整地保存了佛山的历史面貌。这一地区也是佛山传统的商业中心，商业氛围浓厚，同时也是少有的以独特

① 金丝雀码头是伦敦重要的金融区和购物区，在航运为主的时代曾经是伦敦重要的港口，20 世纪 80 年代停止运营。伦敦市政府成立了码头区开发公司，开始全面改造这一地区。SOM 事务所进行了该项目的城市设计，这一项目历史意象主要是整合在空间轴线中，形成从西伦敦古老的街区到金丝雀码头现代化的商业街区，展示伦敦的时代变化。包括 Foster+Partners、KPF 等事务所进行了后续建筑设计。

的岭南建筑和岭南宗教文化为依托的商业地带。与国内很多城市的历史文化街区一样，这一区域也经历了管理缺失的发展阶段，包括房屋缺乏修缮、交通拥挤、私自搭建以及随意改变立面形象等。因此，该项目城市设计中提出需恢复建筑特色，展示出历史环境留存的特征，使佛山的城市历史肌理和岭南建筑风貌得以传承，并产生新的场所意义。岭南天地的项目分为两类：对于需要建议保留但质量较差的建筑而言，需加固原有结构，在外观上充分体现岭南建筑形式和细部，如带有涡卷的山墙、瓦屋脊、骑楼、雕刻装饰等；对于新建项目而言，采用小巧别致的建筑外观，楼层最高不超过三层，并在传统建筑形式基础上部分采用现代建筑材料。广场中以庭院为单元，增加生活气息。

案例小结

岭南天地项目是城市营造理念在历史环境中的一次实践，为当前高层建筑蔓延的问题提供了一种协调共存的方案。从中可以看出，除了对规划指标上的细化，许多设计策略与前面建筑策划构想相似。例如在城市设计层面，体现在人性化的体验和尺度兼容的街区，在建筑层面则强调独特的识别性，这些问题可以通过建筑策划方法，进行信息处理与设计构想。此外，这一项目也存在着一些不足，在佛山日报发起的一次调查中，不少市民提出该项目中商业元素偏多，而缺少市民活动的空间。因此在城市设计中，也应加入类似于策划评价的环节，让街区的居民和相关团体参与，获得更多需求信息。作为设计而言，公众的需要是一个重要的考虑因素，也是地段更新获得认可和发展的关键。

6.3 建筑策划的新工具：BIM 技术在建筑策划领域的探索

6.3.1 BIM 与建筑策划的结合

上面针对历史环境新建项目的策划，提出建筑策划协同模式的操作程序、方法以及具体构想，即对城市层面的外延进行讨论。本节中，笔者希望对新技术与建筑策划的结合进行展望。很长时间以来，建筑策划工作都是以实态调查、数理分析以及长期积累下来的实践经验作为搜寻和处理问题的方法。建筑策划与信息技术的相关研究并不太多。当前，建造信息模型（Building Information Model，下文简称 BIM）技术的推广将建筑设计带入了一个新的阶段。BIM 是在“一个项目的全寿命周期内，从立项、建筑策划、方案设计、方案审批、初步设计、施工图设计、细部设计、招标采购、现场施工到使用维护，在这一整套过程中对于建造信息的创造与交流，以及管理策略的整合”（Kreider，et al.，2013）。常用的 BIM 软件有 Autodesk 公司的 Revit、Graphisoft 公司的 ArchiCAD 等。笔者在调研美国的建筑事务时看到，在一些大型、复杂项目的设计与建造中已经开始采用 BIM 技术。

在建筑策划领域，也在对 BIM 技术进行讨论。著名建筑策划学者、HOK 高级副总裁的帕歇尔教授[①]在最新版的《问题搜寻法（第五版）》中，结合 HOK 的工程项目案例，研究 BIM 技术在建筑策划操作中的应用。帕歇尔认为，如今的建筑策划者既是项目分析者也是信息管理者（information manager），BIM 技术作为项目信息管理的方法，应该在建筑策划阶段就开始引入，并应用于项目全寿命周期[②]（Pena，et al.，2012）。在书中，帕歇尔分析了 BIM 技术在策划中的一些要素，包括以下几点：

- 策划者在全寿命周期数据管理中的作用；
- 策划者和设计者如何通过可视化工具发展策划构想和进行空间组织；
- 推动数据收集、数据管理、数据共享技术，以及进行虚拟工作会议（worksessions）。

这其中，一个重要工作是在策划中建立设施需求系统（Facility Requirement System，简称 FRS）。FRS 的概念是建立一个基于网络的数据库，可以与 BIM 系统连接，用于收集、分析、管理策划阶段的需求信息（人员、活动、空间列表、房间数据、设备等）。该系统支持复杂项目中多团队数据输入、修改、取回，通过设置不同权限来管理。由于 BIM 技术要求更高的数据准确性，HOK 事务所主要借助专业的项目管理软件 dRofus 实现这一工作。dRofus 是一款由挪威 Nosyko AS 公司开发的集成项目管理软件，可以管理功能策划、需求调整、成本控制等环节的数据，所有数据通过互联网储存并传输，当项目成员访问和更新数据时，dRofus 可以进行即时跟踪和管理，并可以与 Revit 和 ArchiCAD 等 BIM 软件衔接。

---

① 帕歇尔教授自 1976 年起就职于 CRS 事务所，在 CRS 与 HOK 合并后担任策划咨询部负责人。他与佩纳共同撰写了建筑策划的经典论著《问题搜寻法》（*Problem Seeking: An Architectural Programming Primer*）。

② 全寿命周期信息管理的概念是道格拉斯·舍曼（Douglas Sherman）提出的，将信息管理融入策划决策—设计实施—运营管理整个过程。他也提出通过数据库进行空间管理，为 BIM 在全寿命周期的信息管理提供了理论支持。

常用 BIM 软件及功能 **表 6.1**

应用领域	产品名称	厂商
BIM 平台	Revit Architecture	Autodesk
三维模型	Bentley Architecture	Bentley
	ArchiCAD	Graphisoft
	FormIt	Autodesk
	Vectorworks Designer	Nemetschek
	Tekla Structures	Telka
策划管理	Affinity	Trelligence
	dRofus	Nosyko AS

（资料来源：自绘）

根据美国总承包商协会（AGC）发表的 BIM 指导手册，BIM 技术的引入对建筑策划有诸多好处：第一，通过三维技术将信息可视化，直观地显示待建部分；第二，对现场施工中可能的错误进行预判，减少返工情况；第三，从模型展示施工场地的限制条件，分析构建是否采用工厂预制化，提高建筑性能和施工速度；第四，可以提供多种测试比选，如预演施工顺序以及比较不同方案的造价；第五，使非专业人员（如业主和用户）更容易理解最终的建筑产品（AGC，2009）。而且，对于策划和设计公司而言，随着 BIM 在项目过程中作用的提升，其可以作为专项业务开展，例如 HOK 的"智慧建造（Buiding Smart）"部门，该部门负责人格雷格·施雷斯纳（Greg Schleusner）曾在美国建筑师大会上介绍该部门的工作流程与方法①，他认为 BIM 的引入不仅是技术上的一种进步，也使项目团队之间形成互动与协作的新形式。

国际建协建筑师职业实践委员会（UIA-PPC）也在执业实践导则中强调了 BIM 在前期策划中的重要性。当前，对于设计成果质量和高效率交付的需求不断提高，业主需要在更短的时间内获利，这要求项目团队在策划阶段就对成本、日程和阶段对接等内容作出分析。此外，可持续建筑环境也逐渐成为业主关心的话题，对此项目需要提供环境分析，包括热工效益、能源控制、室内空气质量等，应用 BIM 技术进行模拟，有助于分析上述这些问题。对此，UIA-PPC 组织专家编写关于建筑信息模型

① 详见 AIA2013 大会发言。Steven Parshall，Greg Schleusner. Development Programming for Architects in a BIM/IWMS World[R]. AIA Convention. 2013

在执业实践中的应用指导，负责人凯利·里昂（Carey Lyon）教授认为，“整合从业”和 BIM 技术的应用将会成为建筑行业未来发展的趋势。整合从业是指建筑师以数字模型为基础，与咨询团队、工程师、施工方、材料商等提供综合建筑服务，通过模型将工程的实际情况和信息完整传递下去（庄惟敏等，2010）。因此，作为设计前期环节，策划工作也需要以数字模型作为分析与表达的工具之一。

6.3.2　BIM 对历史环境新建项目的帮助

从已有策划研究中可以看出，BIM 项目多应用于复杂的大型工程中。在国内，BIM 技术的应用也在不断增多，从近几届中国建筑业协会组织的“中国建筑业 BIM 邀请赛”的获奖情况看，实践项目多以市政工程和大型公共项目为主，主要解决多部门工作协调问题，以及复杂形体的建筑施工图表达问题。但对于历史环境新建项目这类特定环境的小型项目，BIM 的实践还处于探索阶段。历史环境项目参与主体多、信息量大，也需要对设计结果进行预判，因此有必要借助 BIM 的技术平台进行策划。笔者希望通过现有的理论与研究成果，对此问题进行初步的探讨。

历史环境策划的首要问题是历史信息的数字化，这一问题涉及三维建模工具和三维地理信息系统。爱尔兰都柏林理工学院（DIT）提出了历史建造信息模型（H-BIM）的概念，该过程包括两部分：第一步是逆向工程方案，即通过激光扫描和遥感等方法将对象数字化，这些测绘数据将被整合以建立完整的模型，由于 Revit Architecture 等建模软件本身没有测绘功能，这一过程需要借助“几何描述语言（GDL）”[①] 实现。第二步将这些模型通过 BIM 平台与设计软件衔接，并将其构件信息编组以便于进行参数调整。H-BIM 模型作为项目策划基础，可以三维测绘资料为新建项目提供准确数据，同时提供可视化的信息；而当模型本身是项目的一部分时，则可以将新建部分继续整合进模型中（Dore, et al., 2012）。在香港何东夫人医局的保护项目中就采用了 H-BIM 模型，该项目是香港“活化历史建筑伙伴计划”[②] 之一。作为香港少有的中西合璧式历史建筑，这一项目的核心问题是如何准确地保留历史信息，如果采用传统的 2D 绘图技术难以准确地表达项目形体，也不方便提取数据。因此在本项目中采用 H-BIM，

① 几何描述语言（Geometric Descriptive Language）对象是 BIM 中所有可以被放置在建筑物结构内外的元素的统称，类似于许多设计软件中的图块，可以进行参数编辑。

② 活化历史建筑伙伴计划是香港发展局的一项历史建筑更新计划，希望通过对现有历史建筑的更新与创造性使用，发挥其历史价值，达到保护与可持续发展的平衡。关于该计划详见 http://www.heritage.gov.hk/

将历史建筑数据放在模型中，从而方便后续更新项目的维护与修改，也方便在与公众团体的交流中进行三维互动展示。

历史环境策划的另一个问题是动态信息的更新。由于策划内容涉及历史信息的保存、居民生活的真实性以及良好的城市运营等内容，需要策划者、公民团体和业主商议决定，传统的策划方法是通过面对面的工作会议形式，这也带来了一些不便。首先，对策划构想的评价反馈环节都是以纸面形式完成的，例如可替换的棕色板法，这种方法已经不适应当前项目复杂程度与策划深度要求，BIM 的方法则可以快速地修改场地、实体、空间等构想内容，并能够在程序中即时反映出来，特别是在施工图策划（design development programming）阶段，可以在 BIM 平台中将建筑、设备布置与市政管网共同考虑，将问题考虑得更加深入，避免施工中对历史环境不必要的损坏（Pena，et al.，2012）。其次，传统会议形式需要将项目涉及人员组织在一起进行，而应用 BIM 技术进行策划可以通过网络交流，随时得到反馈意见，提高了工作效率。

将 BIM 技术应用于历史环境新建项目策划，需要在实践层面制定应用标准，以实现精细化管理，而当前我国尚无对设计阶段的明确要求。这里笔者主要参考香港房屋委员会及房屋署（简称香港房署）制定的标准，对此问题进行研究。香港房署自 2005 年起就开始将 BIM 技术应用于公租房建设，并于 2009 年制定了应用标准，对模型建立、项目管理和团队组织等内容进行规范性指引（Hong Kong Housing Authority，2009）。对于策划阶段而言，笔者总结出以下四阶段，并对其工作内容和优势进行说明：

策划阶段 BIM 模型的深度要求及优势分析　　表 6.2

阶段	说明	优势分析
第一阶段：场地模型	建筑体块模型，置于现状或规划环境中	将场地条件数据化，从中发现问题以提出策划构想
第二阶段：实体模型	外立面模型，需分层建立	预先对项目控制条件进行审查，避免方案阶段返工
第三阶段：空间模型	包含内部功能与空间模型，可获得直观数据列表	预先计算建筑指标、确定结构形式
第四阶段：细节模型	针对施工图阶段的策划，带有门窗或其他体现细节构想的模型	多专业冲突检查，优化施工程序，预先计算产品用量

（资料来源：自绘）

麻省理工学院学者、EYP 事务所[①]建筑师大卫·福克斯（David Foxe）认为，BIM 对历史建筑的作用不仅在于记录，还在于交流。他在新罕布尔大学詹姆斯楼（James Hall，University of New Hampshire）扩建中将 BIM 技术应用于建筑策划阶段。詹姆斯楼建于 1929 年，位于校园历史最悠久的方院，建筑面积 5100m²，改建项目将重新翻修实验室和教室，修复公共楼梯和室内粉刷装饰，更换更节能的外窗，以及增加 1600m² 的新建部分。为了有序地组织项目更新中的这些问题，福克斯及其团队首先建立了 BIM 模型，从模型中确定工作内容。举一个细节的例子，詹姆斯楼窗户的更换需要根据不同情况分为三类，一些需要更换新的窗扇，一些则需要翻新和粉刷，还有一些则需要扩大开口让新建部分设备进入。通常的做法是列一张门窗表，但 BIM 使这些信息可以直接对应在模型上，这样每个窗户“对象”都包含准确的位置信息和任务（拆除、更换、修补），这些对象可以根据策划需求调整，并更新数据，也可以作为门窗分包商的制作数据（Foxe，2009）。在其他策划工作中也是一样，当对平面和功能进行修改时，项目的技术指标和经济估算会随之调整，为策划者提供参考。

图 6.6 BIM 技术在历史建筑改造中根据需求随时调整策划，并在后续设计中快速生成构件信息
（资料来源：Foxe. Building Information Modeling for Constructingthe Past and Its Future[R].APT Annual Conference. 2010）

综上所述，通过 BIM 技术实现历史信息数字化以及动态信息更新，有助于历史环境新建项目策划的工作协调、评价反馈和成果表达。与传统方法相比，BIM 需要

① EYP 事务所是美国大型建筑设计和施工企业中采用 BIM/VDC 工具排名前十的企业。详见该事务所网站 http://eypaedesign.com/

花费更多的人力和资源进行前期的平台搭建工作，如果这一平台无法与其他项目环节衔接，那么BIM的优势就无法体现。不过作为一种新的技术工具，未来随着更多数字化技术逐渐应用，城市规划、基础设施、建材供应都可能在统一BIM平台下完成，到时，建筑策划与BIM技术的结合将会发挥更高效的作用。

6.3.3 BIM 技术中的建筑策划软件扩展

当前，BIM软件在设计中的应用主要分三类：第一类是核心平台软件，如Autodesk Revit，由于其涵盖建筑、结构、机电系列，可以在整个设计流程中进行信息共享，并能够与第三方软件较好地兼容；第二类是前期策划软件，如Trelligence Affinity，这类软件的特点在于设计信息输入与信息整合能力；第三类是概念设计软件，这类软件有很多，如Vectorworks Designer、Rhinoceros和Sketch Up等，主要是提供可视化的三维概念模型。这里主要对Affinity的功能和在建筑策划中的应用进行介绍。

Affinity是美国休斯敦Trelligence公司开发的一款建筑策划软件，这一软件提供了功能策划、概念设计以及设计——实施方案验证分析工具，此外，Affinity还可与Revit实现数据共享。Affinity是建筑策划的第一款商业软件，美国一些大型设计公司都在使用。在此之前，一些机构曾自主开发过策划辅助软件，例如CRSS的K-12 Expert System，这一软件主要针对校园策划，以该事务所完成的大量校园策划建立数据库，根据用户需求寻找合适的解决方案。还有卡耐基梅隆大学开发的SEED-Pro，作为一款功能策划软件，其可以通过定义设计问题，将功能单元进行细分并提供多种组合方式，通过评价反馈确定功能需求，最后按照标准格式输出（Ömer, et al., 1995）。但这些软件只适用于建筑策划的某一环节，而Affinity可以应用于建筑策划全过程。

按照通常的设计流程，建筑策划是建筑设计前期的工作，策划者需要从需求信息中发展出空间方案，然后再由建筑师建立更复杂的三维模型，在这里空间方案只是一个抽象的表达，并不具备三维图像和操作属性，空间是以“二维图形＋标注”表示，以便快速组合和调整面积，但这种方式只能对平面空间进行。而通过Affinity可以在三维空间中操作和实体进行构想，而且可以对经济估算、工程组织、文档管理、施工

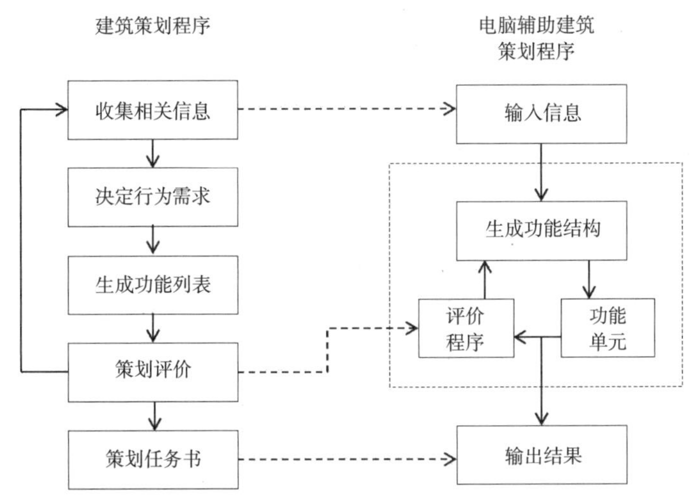

图 6.7　传统建筑策划操作程序与电脑辅助建筑策划程序的区别与联系
（图片来源：自绘）

问题进行完整的梳理[①]。这些是传统策划方法很难做到的。英国学者佛伊泰克·普涅夫斯基（Voytek Pniewski）曾撰文系统地阐述了 BIM 的协同操作和应用远景。他认为，BIM 是否成功的关键在于，能否将其贯彻于项目最初策划到最终拆除全过程的规划、设计和管理（Pniewski，2011）。Affinity 正好补充了 BIM 在建筑策划阶段的应用。Affinity 的操作可以分为以下几个步骤：

第一步：发展空间策划表

表格中的策划需求包括空间和其他期望的特性，也可以让项目内部和外部的参与者填写定制的问卷表格。这些表格数据可以直接录入软件，使信息收集的过程变得简单。选取空间类型、数量和面积信息发展空间策划表，并按照需要分成若干组。Affinity 也提供了一些模板用于空间策划表演示。

第二步：初步策划构想

当完成空间策划表后，可以进行初步的策划构想。Affinity 可以处理一些简单的场地构想，例如退界以及添加道路和树木。然后可以对建筑每一层进行图形化布局，通过拖拽为每一层添加空间和组件。空间可以改变形状，以便后续设计的发展，并按照属性以不同颜色标示。

① 详见 Trelligence 网站介绍 http://www.trelligence.com/

第三步：策划信息深化

在接下来的策划工作中，初步的策划构想可以被高度深化，包括造价、家具、用途等。系统可以根据输入信息自动统计总面积、造价等信息。如果添加的组件或技术指标不符合策划需求，系统将会在图形界面高亮显示。除了图形界面，也可以切换成大纲界面（outline view），这时所有信息将按层级显示出来。此外，在新版本中，Affinity 中的策划可以进行三维视图操作，更有助于策划团队直观地进行修改。

第四步：策划分析与评价

Affinity 最实用的功能是对策划结果的分析和验证，并与设定的需求作比较。该软件可以生成包含大量数据分析的报告，并按照定制的格式显示出来，这对于一些复杂项目而言非常有用。例如在计算造价时，可以随时对先前的策划进行修改。在新版本中还增加了气泡图显示等，更加适合非专业人士参加的策划评价会议。

第五步：数据存储

Affinity 将信息存储在中央数据库中，项目团队可以通过一个或多个 MSSQL 数据库获得接口，为其他项目提供参考。在联机模式下，用户可以动态地与项目现场或

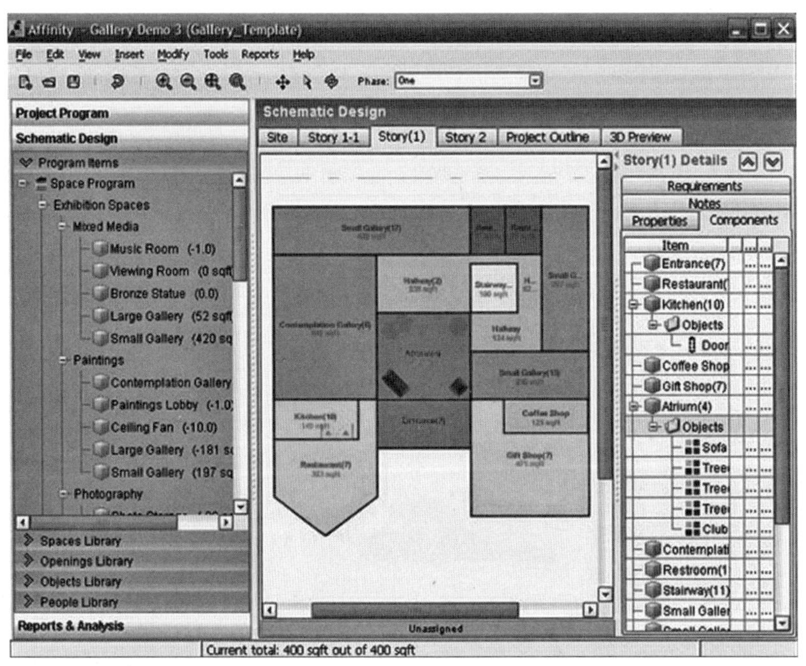

图 6.8 通过 Affinity 可以对建筑每一层进行图形化布局，并对数据信息随时进行更新

（资料来源：Trelligence Affinity 网站）

多地项目团队协作，有效提高协同工作效率。

BIM 技术可以更加高效地为项目全过程设计和管理建立一个综合平台，特别是在历史环境项目中，BIM 平台的建立可以有效管理历史信息，针对这类项目复杂场地条件和多方协商的特点，其在建筑策划的信息收集、方案比选、三维表达等方面提供了有效支持。当前，大多数 BIM 解决方案在空间策划上还有一定局限，特别是在分析或预评价客户对项目的设计需求方面，还有继续改进的空间。而 Affinity 在一定程度上弥补了这一工作，并与其他 BIM 软件进行信息整合和交互，为策划者和建筑师提供了数据处理和空间分析功能，以协助复杂建设项目的前期策划和设计，还可以在设计中即时验证其可行性（Khemlani，2010）。随着大数据技术的应用和智慧城市理念的发展，未来 BIM 技术将成为策划协同模式的一个研究方向。

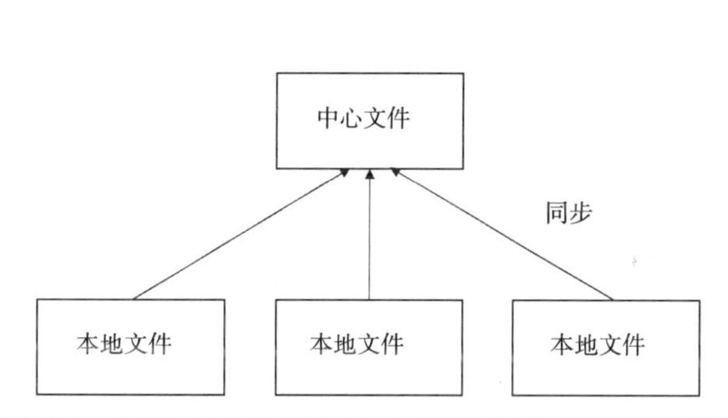

图 6.9　使用基于 BIM 技术的平台，通过网络和中央数据库可以动态地与项目现场或多地项目团队协作，有效提高协同工作效率

（图片来源：自绘）

6.4　本章小结

综上所述，建筑策划有必要扩展在城市层面的研究，以满足当前项目开发的需要。从美国的城市设计经验和笔者的调研中可以看出，建筑策划是城市营造和城市运营中不可缺少的环节。对于城市运营，本章通过具体的策划案例，从文化价值和城市营销角度予以阐述。加强策划分析与城市问题的联系，提供新的研究视角。而对于城市营造而言，建筑策划符合人性尺度的城市设计理念，并采用自下而上的方法研究其设计需求，使城市设计的结果更具有整体性。进一步地，对于涉及历史环境的城市设计，

策划协同模式有助于建筑多样性以及建筑的历史环境特色等方面的研究。

建筑策划在城市层面的应用也需要方法和技术工具上的更新。在本章中，笔者以当前快速发展的 BIM 技术为切入点，重点关注其在建筑策划领域的应用。在历史环境新建项目中，BIM 平台的建立可以管理复杂的场地信息，并通过专业软件，在策划的信息收集、方案比选、三维表达等方面提供有效支持。未来，随着基于 BIM 技术的城市信息平台的建设，建筑设计模型与城市模型的衔接与互动将更加紧密，并提供即时的信息提取与反馈，使策划协同模式在城市层面的研究中发挥更大作用。

第 7 章

结论与展望

7.1 研究总结

本研究针对历史环境新建项目的设计问题，引入建筑策划的协同模式。通过对历史环境、公众行为、文化特征等内容的研究，对新建项目带来的影响作出充分论证，强调多种价值因素的共同影响。通过策划操作这一系统性过程，提出合理、客观的设计策略。笔者通过对理论研究和实际案例的调研，在本书中提出了以下思考：

第一，本书是对建筑策划协同模式的研究，也是对策划操作模式在城市层面延伸的初步探讨。建筑策划作为建筑设计前期的重要环节，通过寻找设计中可能出现的问题，提供解决思路。当前，我国在工程咨询与策划方面尚存在一些薄弱环节，因此有必要强调建筑策划在建设程序上的位置，并强调建筑师在建筑和城市设计层面策划中的主导作用。建筑策划起初偏重于功能性和经济性分析，主要应对城市快速发展中的大型公共项目建设，而随着环境行为学和社会学等方面研究的不断深入，建筑策划也开始分析建筑与外部环境空间设计，从中确定需要保护与强调的价值，从一个更广阔的视角合理提出设计任务书。策划的这一发展也使得自身的研究领域扩大，为跨学科的协同模式创造条件，更好地适应复杂条件的项目研究。

本研究中的历史环境新建项目就是其中一类，其复杂性体现在两个方面：一个是多层次，这里的新建项目不仅包括单个建筑设计，也包括成片区域的城市设计，甚至城市运营和管理问题；另一个是多价值因素，在历史环境新建项目中，功能性和经济性问题只是其中的一部分，策划中更重要的考虑因素是新的项目介入历史环境所带来的影响，以及项目自身在延续历史环境特色方面的可能性，这需要分析项目中需要保护与强调的重要价值，并将价值转换为设计因素，综合提出策划构想。

从策划实践的经验来看，对于复杂设计条件的项目而言，进行前期策划是十分必要的，策划中的信息收集、数理分析、自评机制能够对项目的潜在问题进行预判，避免后续设计和施工过程中大的错误，特别是对于历史环境新建项目而言，建造过程中的更新和拆除都是不可逆的，因此，需要在策划中更谨慎地考虑每一步操作。基于以上原因,本研究引入策划协同模式,从策划视角协助研究历史环境新建项目的设计问题。

第二，本研究希望以历史环境新建项目为研究对象，提出相对完整的策划协同模式操作流程。建筑策划操作体系是一个整体的系统，其中的每一个子环节之间是相互联系的,因此需要在研究中体现出一致的原则。在现有关于历史环境新建项目研究中，主要是通过案例总结，从设计构思方面提出设计策略，这种研究主要基于经验和个人解读。而策划协同模式所强调的是全过程的逻辑性，这种逻辑性体现在三个方面：

策划操作应用于历史环境新建项目的可行性。本书在第 2 章中从理论和实践两个方面分别予以验证，并指出其中与当前设计过程的衔接点，即强调以价值为核心的研究以及强调历史环境中的场所感而非时间感，也补充了当前设计过程中的不足，如完善设计条件的输入和多方参与机制等内容。

建立适应于当前国内的设计程序的策划协同模式框架。包括信息收集、需求界定、策划构想和评估反馈。本书在第 3 至第 5 章中详细论述了这些环节的具体操作内容，客观性是策划贯穿始终的原则，因此笔者从 CRS、SOM 等事务所收集一手资料，并了解相关项目策划者的工作过程和思路，展示其如何运用策划分析工具得出策划构想，又如何与业主和其他相关者进行沟通。这些工作体现了策划协同模式各环节间的相互关联，以及策划结果的科学性。

研究范围的逐级扩展。历史环境新建项目既需要创造出独特的建筑形态和场所体验，也需要与原有的环境及城市相协调，策划研究的对象从功能、实体，扩充到场地和城市层面内容，这些需要借助其他学科领域的研究成果，本书在第 6 章中结合了城市运营、城市营造理念和 BIM 技术工具，协助分析策划中涉及的城市问题。未来随着技术的发展，策划协同模式将继续向更大的领域扩展，本书最后将对此进行展望。

第三，本书讨论了策划协同模式中各个策划主体的工作，以及与历史环境设计控制体系、城市数据平台的接口。这些保证其在理想状态下的运行，但如果要在实际项目中发挥更大的作用，需要在行业组织和法规制定上提供支持：

首先是与现行建筑行业组织的融合。当前，我国对于建筑策划的操作主体并没有明确的规定，详细规划编制单位、建筑设计师、策划机构、开发商项目部等都在参与这一工作，而且往往各方的结论和成果表达有很大出入。在近期组织的中国建筑学会建筑策划后评估专委会上，各位专家也就此问题进行过讨论，较为一致的观点是：建筑策划作为项目决策和设计依据，应明确由建筑设计师牵头，结合业主、使用者代表、其他相关技术的专业人士等，共同组成策划团队，而在策划过程中，政府职能部门也需要给予配合。

其次是在法规制定上保证策划的执行力。特别对于大型公共建筑和历史环境项目来说，对城市环境、风貌以及居民生活影响较大，应按照规定进行建筑策划，而其内容除了可行性研究中的建设规模、用地规划和财务分析，本书建议包括以下方面的内容：项目输入条件、现存问题、策划构想、参考依据、自评、会议讨论记录等，作为后续设计的依据。另外，在设计完成后应组织专家团队评审，除了对设计本身的评判，还应将对设计与策划报告进行比对，对不相符的内容进行逐条审查。

综上所述，我国建筑策划协同模式仍处在发展初期，为了实现本研究中的若干设想，还有很多内容值得进一步研究。而欧美国家的先行经验可以提供一些参考。最后，笔者结合访学期间对国外建筑策划前沿的学习，对策划协同模式的研究进行展望。

7.2　建筑策划协同研究的远景展望：可以被“策划”的城市

当前，我国正处于经济发展方式的转型阶段，在党的十八大报告中，明确提出了“推进经济结构战略性调整”的目标。我国经济结构转型的思路之一就是新型城镇化。新型城镇化模式与既有发展模式有很大不同，是从“土地”的城镇化向“人”的城镇化的转变[①]。这对城市管理、资源匹配、环境发展等都提出了更高的要求。在这一背景下，城市规划、城市设计以至建筑设计，需要从设计理念和方法层面作进一步研究，提供更加精细化的管理和设计，达到优化空间结构、智能低碳策略以及人本化的规划和设计。麻省理工学院（MIT）和伦敦大学学院（UCL）的学者提出了“智慧城市”理念，伦敦大学学院教授迈克尔·巴蒂（Michael Batty）认为，智慧城市研究方法的变革将给城市设计和运营带来机遇，其最终的目的是提高城市居民质量（Batty,

① 详见李克强总理对城镇化建设的论述，他认为未来城镇化的核心思路是人的城镇化。新型城镇化之“新”，关键在于提高城镇化质量而不是大量造城，强调以人为本和可持续发展。

2013）。智慧城市基于城市大数据[①]和网络平台，立足于可感知的空间形态，重点研究在城市总体规划完成之后的若干问题，例如城市设计如何理性地在不同尺度展开，如何高效地组织政府、投资者、市民进行协商，如何生成操作性强的指导方案，如何使大规模的项目最终落地等。

智慧城市理念为综合处理城市问题提供了新的技术框架。更重要的是，其提出了一种思路，即城市在一定程度上是可以被策划的。这种策划在城市设计前期，关注城市不同尺度的社会、经济、环境、文化等方面的互动；同时，研究人在城市尺度的行为模式以及其与城市形态之间的相互影响，有助于强化开发决策的科学性，提出更为整体、客观的发展策略和设计控制要求，创造适宜性的城市和建筑风貌。可以看出，这种智慧城市视野下的策划整合传统建筑策划技术手段和新兴的信息处理方法，以技术创新为核心，基于大数据和网络平台，注重理性数据支撑和感性设计创意之间的融合。关于智慧城市的研究有很多方面，在我国，北京大学、同济大学等高校的学者和机构正在进行着相关研究，例如“空间行为与规划研究会”和“智慧城市实验室”等，这些机构从不同角度展开智慧城市研究。而建筑策划作为其中的一项议题，可以在以下两个方面作进一步探讨：

图 7.1　笔者参加在芝加哥举行的美国建筑师协会年会 AIA Convention 2014，BIM 和智慧城市建设是会议的重要议题，图为 SOM 事务所代表进行发言

（图片来源：自摄）

---

① 按照学者维克托·迈尔 - 舍恩伯格（Viktor Mayer-Schonberger）的观点，大数据是指海量的、高速增长的、多样化的信息资产，需要新的处理模式来解决。在他看来，大数据不仅是量的变化，也带来思维方式的变革，例如从随机样本分析到全数据分析，由精确性到混杂性等。

一方面是数据信息化。智慧城市包括了建筑、电力、交通、工业等，这些行业产生了大量的数据，这些数据未来将实现共享（Schönberger, et al., 2013）。将数据转换成有效信息本身就是建筑策划的工作之一，而对于智慧城市所对应的大数据而言，需要从大量复杂无序的数据中，挖掘明确的现象和规律，构成可操作的信息。相对应地，策划的信息处理工具也不再是简单的图表和数学统计方法，需要引入一些新兴的数据处理方法，例如空间数据挖掘方法[①]。通过数据挖掘可以从海量数据中找出策划对象间的关联规则，用以指导策划团队的决策。例如空间中两种相关功能需求，或者不同教育背景使用者对环境特征的识别程度。数据信息化基于统计和调研数据，而策划通过空间数据挖掘则可以找到新的信息，特别是对于传统观察方法不易发觉的对象关联，为设计提供参考。空间数据挖掘是从现有数据库中通过指定算法获得信息，而最新的研究则指向社会行为的现实信息，例如 MIT 教授阿莱克斯・彭特兰（Alex Pentland）主管的现实挖掘（Reality Mining）项目，通过对数十万手机定位等传感器信息的处理，提取出行为模式的重复性和时空规律，这有助于分析出人们对环境的喜好和特定空间中的活动串联方式等内容（Bain & Company, Inc., 2011），这些方法比社会学方法更加直观。因此对于后续的研究而言，建筑策划与智慧城市的协同可以更加高效地寻找需求信息，为城市和建筑设计提供支持；在管理方面，利用上述实时更新的监控系统技术有助于实现智慧化管理，适应日益复杂的城市实体系统，达到现代城市宜居目标。

另一方面是空间可视化。这一内容可以看作是建筑策划中 BIM 技术的扩展，本书中曾就 BIM 三维可视化在建筑策划中的应用进行分析。在智慧城市中，通过 BIM 技术可以精准计算环境特征，将抽象空间转化为可理解的图像，动态展示城市社会中经济、环境等“数据流”，生成三维互动的地上地下空间。如前所述，这种具象的信息平台有助于策划者和城市管理者实时掌握城市发展动向，做出科学决策。同样地，对于公众而言，构筑可理解的信息平台也有助于其参与策划和反馈，最大化地优化社会、环境资源，全方位地推动城市可持续发展。在建筑设计层面，可视化展示主要是建筑外观、结构、管线布置、家具摆设等；而城市层面则可以展示更

① 空间数据挖掘是指从空间数据中找出隐含关联性，并从中总结出有意义的特征和模式。空间数据挖掘方法涉及具体的算法，其中常用的算法如拉科什・阿格拉瓦尔（Rakesh Agrawal）等人提出的关联规则算法（Apriori），通过设置可信度和支持度阈值，找出强关联规则。除此之外还有许多其他改进型的算法，详见《数据挖掘：概念与技术》一书。

多的内容，例如地下基础设施运营、水位涨幅、噪声变化、污染源扩散、公共交通使用情况等，结合定量图例，及时评估城市的运营方式，不仅便于公众随时了解城市运营状况，获得与工作和生活相关信息，城市管理者也可通过可视化平台，管理城市运营，控制城市形象，以及预防各种突发事件，例如上面提到的 MIT 现实挖掘项目，可以对某一地区犯罪情况进行监控和预防（Bain & Company, Inc., 2011）。对于策划者来说，借助三维数字工具可以将策划项目合并入智能城市平台，进行模拟运营和形象展示，全面地评估建筑和城市设计项目对城市的影响，并随时作出调整。这种与城市信息平台的对接为建筑策划在城市层面的研究提供了基础，也是未来策划在研究方法上的拓展方向。

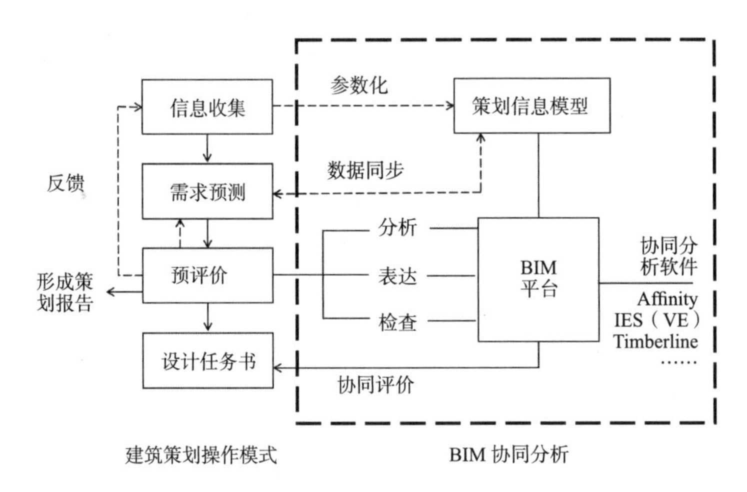

图 7.2　基于 BIM 技术的建筑策划协同模式有助于实现分析—表达—检查过程的策划信息传递
（图片来源：自绘）

国际上一些智慧城市项目中涉及建筑策划的相关内容整理　　表 7.1

城市	智慧城市项目	涉及建筑策划的相关内容
英国伦敦	Smart London Plan	公开伦敦数据，建立 3D 可视化伦敦基建，最大化使用数据来指导伦敦的规划和设计
日本东京	I-Japan	对家庭、建筑物和社区实施智能化能源和资源管理，利用最新节能技术和信息技术
新加坡	Live Singapore	实时城市信息发布，有助于策划者对城市交通、安全等方面进行评估
美国波士顿	Boston Citizen Connect	市民通过数据终端反馈城市设施中的使用问题
美国旧金山	Improve SF	旧金山政府、规划与城市更新会与市民共同协作，与社区一起寻求设计解决方案，从微观尺度补充分析城市问题

（资料来源：自绘）

对于本书所研究的历史环境新建项目的策划，智慧城市的建设也有着诸多益处。当前一些城市已经在利用三维信息平台和移动终端，普及历史文化遗产知识，推动公共参与历史环境保护与更新。例如伦敦借助各种小型更新项目，完善地段功能和环境，并将这些过程反映在网络平台中，使市民能够快速了解项目情况，减少策划前期的说明工作，使各方更好地达成共识。我国在这一领域也正进行着研究，例如上海市虹口区的“智能虹口”项目，将虹口区的各种规划和环境等数据加以整合，构建三维信息平台，重点分析人口流动、建筑密度、用地性质开发模式等方面，为后续项目建设提供可视化的发展图景和客观定量的分析。针对虹口区现存大量的历史风貌区和历史建筑，在智能虹口中重点分析其地段的连接性、识别性、混合性[①]等专项内容。下一步的工作需要将策划引入，充分利用现有的研究成果，将这些信息作为策划研究的依据，基于不同尺度、不同层面的数据采集，并将这些内容体现在策划成果中。

综上所述，本研究以历史环境新建项目为出发点，研究建筑策划的协同模式理论和操作方法。随着设计对于人本思想、历史环境、可持续性等方面的逐渐重视，建筑策划正在从解决单一建筑功能问题，发展到建筑与使用者心理需求和环境特征的综合问题，再到与城市发展的协同问题。2017 年 5 月，住建部下发《关于开展全过程工程咨询试点工作的通知》，标志着全过程工程咨询在我国全面推动。建筑策划是全过程工程咨询中的重要工作，其内容、定位和决策对建筑项目起直接影响。在 2018 年，中国注册建筑师继续教育以“建筑策划”作为培训科目，介绍建筑策划理论和操作模式。随着这些研究需求的扩展、实践项目的不断积累以及组织规范的逐渐完善，跨学科间的合作越来越重要，策划协同模式在社会、经济和环境上的积极影响将得以充分体现。本书希望抛砖引玉，探讨策划协同模式在建筑和城市层面应用的可行性，推动这一学科的不断发展，并将理论研究与策划、设计建设实践相结合，创造活力提升、风貌得体、生态融合的城市建成环境。

① 详见：清华大学建筑设计研究院国际设计中心（EAST）策划研究报告．城市策划：基于数据分析的城市设计 [R]. 2014

参考文献

一、中文文献

[1] 安藤忠雄，2003. 安藤忠雄论建筑 [M]. 白林，译 . 北京：中国建筑工业出版社 .

[2] 比尔・希利尔，2008. 空间是机器：建筑组构理论 [M]. 杨滔，张佶，王晓京，译 . 北京：中国建筑工业出版社 .

[3] 韩冬青，2001. 谈建筑策划中的城市意识 [J]. 规划师 .

[4] 李振宇，2004. 城市・住宅・城市：柏林与上海住宅建筑发展比较（1949-2002）[M]. 南京：东南大学出版社 .

[5] 梁思成，1954. 中国建筑的特征 [J]. 建筑学报 .

[6] 林钦荣，1996. 都市设计在台湾 [M]. 台北：创兴出版社有限公司 .

[7] 刘易斯・芒福德，2005. 城市发展史——起源、演变和前景 [M]. 倪文彦，宋俊岭，译 . 北京：中国建筑工业出版社 .

[8] 王贵祥，1998. 东西方的建筑空间：文化空间图示及历史建筑空间论 [M]. 北京：中国建筑工业出版社 .

[9] 隈研吾，2008. 负建筑 [M]. 计丽萍译 . 青岛：山东人民出版社 .

[10] 吴良镛，1994. 北京旧城与菊儿胡同 [M]. 北京：中国建筑工业出版社 .

[11] 吴良镛，2001. 人居环境科学导论 [M]. 北京：中国建筑工业出版社 .

[12] 约瑟夫・德莫金，2005. 建筑师职业实务手册 [M]. 葛文倩译 . 北京：机械工业出版社 .

[13] 庄惟敏，2000. 建筑策划导论 [M]. 北京：中国水利水电出版社 .

[14] 庄惟敏，张维，黄辰晞，2010. 国际建协建筑师职业实践政策推荐导则 [M]. 北京：中国建筑工业出版社 .

二、日文文献

岡田光正，et al.，2003. 建築計画 2[M]. 東京：鹿島出版会 .

建築計画教材研究会，2013. 改訂版・建築計画を学ぶ [M]. 東京：理工図書株式会社 .

鈴木成文，1999. 住まいを読む：現代日本住居論 [M]. 東京：建築資料研究社 .

三、英文文献

[1] AGC, 2009. The Contractors' Guide to BIM[R]. Arlington: Associated General Contractors of America.

[2] Alexander, Christopher and Manheim, Marvin, 1962. A Computer Program for the Hierarchical Decomposition of a Set Which Has an Associated Linear Graph[M]. Cambridge: Massachusetts Institute of Technology.

[3] Alexander, Christorpher, 1964. Notes on the Synthesis of Form[M]. Cambridge: Harvard University Press.

[4] Amaratunga, Dilanthi and Baldry, David, 1998. Post-Occupancy Evaluation of Higher Education Teaching Spaces: A Methodological Approach[D]. Salford: The University of Salford.

[5] Ansoff, Igor, 1965. Corporate Strategy[M]. New York: McGraw-Hill Inc.

[6] Arefi, Mahyar, 2007. Non-place and Placelessness as Narratives of Loss: Rethinking the Notion of Place[J]. Urban Design.

[7] Attoe, Wayne and Logan, Donne, 1992. American Urban Architecture: Catalysts in the Design of Cities[M]. Berkeley: University of California Press.

[8] Avrami, Erica, Mason, Randall and Torre, Marta de la, 2000. Values and Heritage Conservation[R]. Los Angeles: The Getty Conservation Institute.

[9] Bain & Company, Inc, 2011. Personal Data: The Emergence of a New Asset Class[R]. Geneva: World Economic Forum.

[10] Barnett, Jonathan, 1982. An Introduction to Urban Design[M]. New York: Harper Collins Publishers.

[11] Barnett, Jonathan, 2003. Redesigning Cities: Principles, Practice, Implementation[M].

Chicago: APA Planners Press.

[12] Batty, Michael, 2013. Big Data, Smart Cities and City Planning[J]. Dialogues in Human Geography.

[13] Bell, Paul, et al., 2001. Environmental Psychology 5th Edition[M]. London: Thomson Learning.

[14] Beltramini, Guido, 2007. Carlo Scarpa: Architecture and Design[M]. New York: Rizzoli.

[15] Bereday, George, 1964. Comparative Method in Education[M]. Toronto: Holt, Rinehart & Winston of Canada Ltd.

[16] Bertrand, Raymond, 1990. Meaning and the Built Environment: An Ethnographic Approach to Architectural Programming[D]. Montreal: McGill University.

[17] Bierig, Aleksandr, 2009. Harvard NW Science Building[J]. Architectural Record.

[18] Bletter, Rosemarie, 1997. The Architecture of Frank Gehry[M]. New York: Rizzoli.

[19] Bloszies, Charles, 2011. Old Buildings, New Designs[M]. Princeton: Princeton Architectural Press.

[20] Bollack, Francoise, 2013. Old Buildings, New Forms: New Directions in Architectutral Transformations[M]. New York: The Monacelli Press.

[21] Bradt, Steve, 2008. Form Follows Function[J]. Harvard Gazette.

[22] Brolin, Brent, 1980. Architecture in Context: Fitting New Building with Old[M]. New York: van Nostrand Reinhold Company.

[23] Bunting, Bainbridge, 1985. Harvard: An Architectural History[M]. Cambridge: Harvard University Press.

[24] Canty, Donald, 1966. The Curious Wall of Larsen Hall[J]. The Architectural Forum.

[25] Caudill, William, et al., 1984. The TIBs of Bill Caudill[M]. Houston: CRS Sirrine Research.

[26] Cherry, Edith, 1999. Programming for Design: from Theory to Practice[M]. New York: John Wiley & Sons, Inc.

[27] Cherry, Edith, 2008. Programming[G]. [book auth.] Joseph Demkin. The Architectect's Handbook of Professional Practice, 14th Edition. New York: John Wiley & Sons, Inc.

[28] Cohen, Nahoum, 1999. Urban Conservation[M]. Cambridge: MIT Press.

[29] Cullen, Gordon, 1995. Concise Townscape[M]. London: Architectural Press.

[30] Day, Linda, 1990. Re-using Old Building Facades: A Local Government Effort at Placemaking[C]. EDRA21.

[31] Dore, Conor and Murphy, Maurice, 2012. Integration of Historic Building Information Modeling and 3D GIS for Recording and Managing Cultural Heritage Sites[R]. 18th International Conference on Virtual Systems and Multimedia.

[32] Duerk, Dona, 1993. Architectural Programming: Information Management for Design[M]. New York: John Wiley & Sons, Inc.

[33] Federal Facilities Council, 2002. Learning from Our Buildings: A State-of-the-Practice Summary of Post-Occupancy Evaluation[M]. Washington, D.C. : National Academies Press.

[34] Fleig, Karl, 1963. Alvar Aalto[M]. New York: Wittenborn and Company.

[35] Foxe, David, 2009. Building Information Modeling for Constructing the Past and Its Future[R]. APT Annual Conference.

[36] Frampton, Kenneth, 1983. Towards a Critical Regionalism: Six Points for an Architecture of Resistance[C]. [book auth.] Hal Foster. The Anti-Aesthetic: Essays on Postmodern Culture. Port Townsend: Bay Press.

[37] Friedmann, Arnold, Zimring, Craig and Zube, Ervin, 1979. Environmental Design Evaluation[M]. New York: Plenum Publishers.

[38] Gehl, Jan, 1987. Life between Buildings[M]. New York: Van Nostrand.

[39] Ghirardo, Diane, 1996. Architecture After Modernism[M]. New York: Thames & Hudson Inc.

[40] Gibbs, David, 1980. The Architectural Programming of Six Selected University Performing Arts Centers[D]. Champaign: University of Illinois at Urbana-Champaign.

[41] Healey, Patsy, 2010. Making Better Places[M]. New York: Palgrave Macmillan.

[42] Hershberger, Robert, 1999. Architectural Programming & Predesign Manager[M]. New York: McGraw-Hill, Inc.

[43] Hershberger, Robert, 2000. Programming[G]. [book auth.] AIA. The Architect's Handbook of Professional Practice, 13th edition.

[44] Historic Scotland, 2010. New Design in Historic Setting[R]. Edinburgh: Historic Scotland.

[45] Hong Kong Education and Manpower Bureau, 2003. School Facilities Programming Guide for Hong Kong[M]. Hong Kong: Centre of Architectural Research for Education, Elderly,

Environment and Excellence Ltd.

[46] Hong Kong Housing Authority, 2009. Building Information Modeling (BIM) User Guide for Development and Construction Division[S]. Hong Kong: Hong Kong Housing Authority.

[47] James Corner Field Operation, Diller Scofidio + Renfro, 2010. The High Line in New York City[J]. World Architecture.

[48] Kahn, Louis, 1998. Conversations with Students[M]. New York: Princeton Architectural Press.

[49] Khemlani, Lachmi, 2010. Trelligence Affinity: Extending BIM to Space Programming and Planning[J]. AECbytes "Building the Future".

[50] King, Jonathan and Langdon, Philip, 2002. The CRS Team and the Business of Architecture[M]. College Station: Texas A & M University Press.

[51] Koolhaas, Rem and Mau, Bruce, 1995. S, M, L, XL[M]. New York: The Monacelli Press.

[52] Kostof, Spiro, 1993. The City Shaped: Urban Patterns and Meanings Through History[M]. London: Bulfinch.

[53] Kotler, Philip and Bowen, John, 2009. Marketing for Hospitality & Tourism, 5th Edition[M]. London: Prentice Hall.

[54] Kotler, Philip and Keller, Kevin, 2011. Marketing Management, 14th edition[M]. London: Pearson International.

[55] Kreider, Ralph and Messner, John, 2013. The Uses of BIM: Classifying and Selecting BIM Uses[R]. Philadelphia: Penn State Computer Integrated Construction.

[56] Kriken, John, 2010. City Building: Nine Planning Principles for the 21st Century[M]. Princeton: Princeton Architectural Press.

[57] Kumlin, Robert, 1995. Architectural Programming: Creative Techniques for Design Professionals[M]. New York: McGraw-Hill, Inc.

[58] KVP Consulting, LLC, 2009. California Student Center/Lower Sproul Plaza Historic Structure Report[R]. Berkeley: University of California, Berkeley.

[59] Lobell, John, 2014. Between Silence and Light: Spirit in the Architecture of Louis I. Kahn[M]. Boston: Shambhala Publications.

[60] Lynch, Kevin and Hack, Gary, 1984. Site Planning 3rd Edition[M]. Cambridge: MIT Press.

[61] MacCormac, Richard, 1993. New Buildings in the Historic Contexts[J]. RIBA Journal.

[62] Mason, Randall, 2003. Fixing Historic Preservation: A Constructive Critique of "Significance"[J]. Places.

[63] McCarter, Robert, 2009. Louis I. Kahn[M]. London: Phaidon Press Ltd.

[64] Moleski, Walter and Roberts, Wallace, 1990. Analysis of Existing Housing Unit[J]. Environmental Research Group.

[65] Moleski, Walter, 2003. The Analysis of Behavioral Requirement in Office Setting[C]. EDRA03.

[66] MRY, 2009. University of California, Berkeley: Student Community Center Masterplan and Feasibility Study[R]. Moore Ruble Yudell Architects and Planners.

[67] Nasar, Jack, 1999. Design by Competition: Making Design Competition Work[M]. Cambridge: Cambridge University Press.

[68] Norberg-Schulz, Christian, 1980. Genius Loci[M]. New York: Rizzoli.

[69] NYC Department of City Planning, 2011. NYC Zoning Handbook[S]. New York: NYC Department of City Planning.

[70] Ömer, Akin, et al, 1995. SEED-Pro: Computer-Assisted Architectural Programming in SEED[J]. Journal of Architectural Engineering.

[71] Parker, Cheryl, 1995. Making a 21st Century Neighborhood[J]. Places.

[72] Pearce, David, 1989. Conservation Today[M]. London: Routledge.

[73] Pena, William and Parshall, Steven, 2012. Problem Seeking: An Architectural Programming Primer, 5th Edition[M]. New York: John Wiley & Sons, Inc.

[74] Pena, William and William, Caudill, 1959. Architectural Analysis: Prelude to Good Design[J]. Achitectural Record.

[75] Philadelphia Historical Commission, 2007. The Old City Historic District: A Guide for Property Owners[R]. Philadelphia: Philadelphia Historical Commission.

[76] Pniewski, Voytek, 2011. Building Information Modeling (BIM) Interoperability Issues in Light of Interdisciplinary Collaboration[M]. London: Collaborative Modeling Ltd.

[77] Popov, Lubomir, 2006. Beyond Conflict[C]. EDRA37.

[78] Preiser, Wolfgang, 1999. Built Environment Evaluation: Conceptual Basis, Benefits and

Uses[A]. [book auth.] Jay Stein and Kent Spreckelmeyer. Classic Readings in Architecture.

[79] Preiser, Wolfgang, 1990. Facility Programming: Methods and Applications[M]. Stroudsburg: Dowden, Hutchinson & Ross, Inc.

[80] Preiser, Wolfgang, 1993. Professional Practice in Facility Programming[M]. New York: John Wiley & Sons Inc.

[81] Preservation Alliance, 2007. Sense of Place: Design Guidelines for New Construction in Historic Districts[R]. Philadelphia: Preservation Alliance for Greater Philadelphia.

[82] Qu, Zhang and Yang, Shu, 2013. A Study on the Catalytic Effect and Design Strategy of Cultural Facilities in Urban Regeneration: Creative Beijing[C]. The 7th Conference of International Forum on Urbanism.

[83] Qu, Zhang and Zhuang, Weimin, 2010. Discussion of the Environmental Pattern in Memorial Places from the Perspective of Environmental Behavior[C]. The 10th International Symposium on Environment-Behavior Research.

[84] Rapoport, Amos, 2004. Culture, Architecture and Design[M]. Nanning: Through Vantage Copyright Agency.

[85] Rapoport, Amos, 1982. The Meaning of the Built Environment: A Nonverbal Communication Approach[M]. New York: SAGE Publications Inc.

[86] Relph, Edward, 1976. Place and Placelessness[M]. London: Pion Ltd.

[87] Richard, Jonathan, 1994. Facadism[M]. London: Routledge.

[88] Rossi, Aldo, 1984. The Architecture of the City[M]. Cambridge: MIT Press.

[89] Rowe, Colin and Koetter, Fred, 1984. Collage City[M]. Cambridge: MIT Press.

[90] Salisbury, Frank, 1997. Briefing Your Arhitect, 2nd Edition[M]. Oxford: Routledge.

[91] Sanoff, Henry, 1992. Integrating Programming, Evaluation, and Participation in Design: A Theory Z Approach[M]. Burlington: Ashgate Publishing.

[92] Sanoff, Henry, 1977. Methods of Architectural Programming[M]. Stroubsburg: Dowden, Hutchinson & Ross, Inc.

[93] Schildt, Göran and Aalto, Alvar, 1972. Alvar Aalto Luonnoksia. Helsinki: Kustannusosakeyhtiö Otava.

[94] Schönberger, Viktor and Cukier, Kenneth, 2013. Big Data:A Revolution That Will Transform

How We Live, Work, and Think[M]. London: Eamon Dolan / Houghton Mifflin Harcourt.

[95] Snedcof, Harold, 1985. Cultural Facilities in Mixed-Use Development[M]. New York: The Urban Land Institute.

[96] Southworth, Michael and Ruggeri, Deni, 2010. Place Identity and the Global City[A]. [book auth.] Tridib Banerjee and Anastasia Loukaitou-Sideris. Companion to Urban Design . New York: Routledge.

[97] Stefan, Faatz, 2009. Architectural Programming: Providing Essential Knowledge of Project Participants Needs in the Pre-design Phase[J]. Organization, Technlogy and Management in Construction.

[98] Sternberg, Ernest, 2002. What Makes Buildings Catalytic?How Cultural Facilities Can Be Designed. Journal of Architectural and Planning Research.

[99] Stringer, Leigh, 2009. The Green Workplace[R]. St.Louis: HOK Group, Inc.

[100] Texas A&M University, 2011. A Tribute to Bill Caudill[R]. College Station: Texas A&M University.

[101] Tiesdell, Steven, Oc, Taner and Heath, Tim, 1996. Revitalizing Historic Urban Quarters[M]. London: Butterworth-Heinemann.

[102] Trimble, Andrea, 2010. HGSE Larsen Classrooms Achieve LEED-CI Platinum[J]. Harvard University Sustainability.

[103] Verger, Morris and Kaderland, Norman, 1993. Connective Planning[M]. New York: McGraw-Hill.

[104] Wapner, Seymour, et al., 2012.Theoretical Perspectives in Environment-Behavior Research: Underlying Assumptions, Research Problems, and Methodologies[M]. New York: Springer-Verlag New York Inc.

[105] Warren, John, 1996. Principles and Problems: Ethics and Aesthetics[A]. [book auth.] Stephen Marks. Concerning Buildings. Bath: The Bath Press.

[106] Wassermann, Barry, Sullivan, Patrick and Palermo, Gregory, 2000. Ethics and the Practice of Architecture[M]. New York: John Wiley and Sons.

[107] Watson, Donald, Plattus, Alan and Shibley, Robert, 2003. Time-saver standards for urban design[M]. New York: McGraw-Hill.

[108] Wener, Richard, Axelrod, Emily and Farbstein, Jay, 2000. Commitment to Place: Urban Excellence & Community[M]. Boston: Bruner Foundation.

[109] White, Edward, 1972. Introduction to Architectural Programming[M]. Arizona: Architectural Media.

[110] Yamamoto, Riken and Shop, Field, 2013. Community Area Model[J]. Koreisha magazine.

[111] Yin, Robert, 2003. Case Study Research: Design and Methods, 3rd Edition[M]. New York: SAGE Publications, Inc.

[112] Zumthor, Peter, 2006. Atmospheres[M]. Basel: Birkhäuser.

[113] Zumthor, Peter, 1997. Thinking Architecture[M]. Basel: Birkhäuser Architecture.

后记

本文基于笔者的博士论文研究，其后几经修改，终于付梓。希望作为自己学术工作的一个起点，今后在建筑策划与后评估领域做出更多成果。

衷心感谢我的导师庄惟敏院士。在清华大学硕士和博士研究生学习的六年中，庄老师对本人在学术上悉心教导，生活上亲切关怀，他严谨认真的治学和平易谦虚的为人是我一直以来学习的榜样。感谢所有同门对本研究的帮助。

感谢国家留学基金委支持本人赴美国加州大学伯克利分校访学，承蒙 John Kriken 教授的指导和 SOM 事务所的帮助，为本文研究提供了大量一手研究资料。感谢得州农工大学 CRS 中心主任 Valerian Miranda 教授，HOK 事务所高级副总裁 Steven Parshall 先生提供的宝贵资料。感谢同济大学建筑与城市规划学院李振宇教授和涂慧君教授对本人工作的支持。感谢中国建筑学会建筑策划与后评估专业委员会的各位前辈。感谢中国建筑工业出版社各位编辑老师认真严谨的工作。

本文写作期间获国家自然科学基金青年基金项目“基于 BIM 协同分析技术的建筑策划预评价方法研究”（51808390），以及中国博士后科学基金（2019M651577）资助。本书出版获国家自然科学基金面上项目“模糊决策理论背景下的建筑策划方法学研究”（51378275）资助，特此致谢！

感谢家人一直的支持！

屈张

2020 年于上海